"十三五"国家重点出版物出版规划项目

增材制造技术丛书

纤维增强树脂基复合材料增材制造技术

Additive Manufacturing Technologies for Fiber Reinforced Polymer Matrix Composites

田小永 著

国防工业出版社

·北京·

内 容 简 介

增材制造技术(3D打印技术)是一种新兴的制造技术,区别于传统的减材或等材加工制造方法,它采用的是层层累加的原理,每层按照特定的打印路径铺放材料,最终累加成形三维零件。目前,将增材制造技术应用于纤维增强树脂基复合材料已成为一种新兴的复合材料制造工艺,相比于传统的成形工艺,增材制造工艺过程简单,加工成本低,材料利用率高,可降低复合材料构件的制造成本。同时,可实现复杂结构零件的一体化成形,无需模具与复合材料连接工艺,为轻质复合材料结构的低成本快速制造提供了一条有效的技术途径。本书系统介绍了用于增材制造的纤维增强树脂基复合材料的材料体系、成形工艺、性能评估及应用案例等内容,并对复合材料增材制造的发展趋势进行了分析。

本书可供从事复合材料设计与制造、增材制造相关领域工程技术人员参考,也可作为高等院校复合材料和增材制造类专业师生教学参考书。

图书在版编目(CIP)数据

纤维增强树脂基复合材料增材制造技术/田小永著. —北京:国防工业出版社,2021.11
(增材制造技术丛书)
"十三五"国家重点出版项目
ISBN 978 - 7 - 118 - 12409 - 5

Ⅰ.①纤… Ⅱ.①田… Ⅲ.①纤维增强复合材料-树脂基复合材料-快速成型技术 Ⅳ.①TB333.2

中国版本图书馆 CIP 数据核字(2021)第 216437 号

※

国防工业出版社出版发行
(北京市海淀区紫竹院南路23号 邮政编码100048)
雅迪云印(天津)科技有限公司印刷
新华书店经售

*

开本 710×1000 1/16 印张 12½ 字数 251 千字
2021 年 11 月第 1 版第 1 次印刷 印数 1—3000 册 定价 136.00 元

(本书如有印装错误,我社负责调换)

国防书店:(010)88540777 书店传真:(010)88540776
发行业务:(010)88540717 发行传真:(010)88540762

丛书编审委员会

主任委员
卢秉恒　李涤尘　许西安

副主任委员（按照姓氏笔画顺序）
史亦韦　巩水利　朱锟鹏
杜宇雷　李　祥　杨永强
林　峰　董世运　魏青松

委　员（按照姓氏笔画顺序）
王　迪　田小永　邢剑飞
朱伟军　闫世兴　闫春泽
严春阳　连　芩　宋长辉
郝敬宾　贺健康　鲁中良

总　序
Foreword

增材制造(additive manufacturing，AM)技术，又称为3D打印技术，是采用材料逐层累加的方法，直接将数字化模型制造为实体零件的一种新型制造技术。当前，随着新科技革命的兴起，世界各国都将增材制造作为未来产业发展的新动力进行培育，增材制造技术将引领制造技术的创新发展，加快转变经济发展方式，为产业升级提质增效。

推动增材制造技术进步，在各领域广泛应用，带动制造业发展，是我国实现强国梦的必由之路。当前，推动制造业高质量发展，实现传统制造业转型升级等，成为我国制造业发展的重中之重。在政府支持下，我国增材制造技术得到了迅速的发展，增材制造技术与世界先进水平基本同步，高性能复杂大型金属承力构件增材制造等部分技术领域已达到国际先进水平，已成功研制出光固化成形、激光选区烧结成形、激光选区熔化成形、激光净成形、熔融沉积成形、电子束选区熔化成形等工艺装备。增材制造技术及产品已经在航空航天、汽车、生物医疗等领域得到初步应用。随着我国增材制造技术蓬勃发展，增材制造技术在各领域方向的研究取得了重大突破。

增材制造技术发展日新月异，方兴未艾。为此，我国科技工作者应该注重原创工作，在运用增材制造技术促进产品创新设计、开发和应用方面做出更多的努力。

在此时代背景下，我们深刻感受到组织出版一套具有鲜明时代特色的增材制造领域学术著作的必要性。因此，我们邀请了领域内有突出成就的专家学者和科研团队共同打造了这套能够系统反映当前我国增材制造技术发展水平和应用水平的科技丛书。

"增材制造技术丛书"从工艺、材料、装备、应用等方面进行阐述，系统梳理行业技术发展脉络。丛书对增材制造理论、技术的创新发展和推动这些技术的转化应用具有重要意义，同时也将提升我国增材制造理论与技术的学术研究水平，引领增材制造技术应用的新方向。相信丛书的出版，将为我国增材制造技术的科学研究和工程应用提供有价值的参考。

卢秉恒，中国工程院院士，西安交通大学教授。

前言

Preface

纤维增强树脂基复合材料具有高比强度、高比模量、耐腐蚀、热稳定性好、可设计性强等优点，自20世纪40年代问世以来已在航空航天、汽车交通等各个领域得到越来越多的应用，成为制备高性能结构件的先进材料之一。以航空飞机为例，复合材料已成功应用于机身、尾翼等大量结构上，带来明显的减重效果和显著的综合性能提升。先进复合材料已逐渐成为衡量国家科技竞争力的重要指标之一，具有广阔的应用空间与发展前景。

纤维增强树脂基复合材料根据基体材料的不同，可以分为热固性复合材料与热塑性复合材料。长久以来，热固性复合材料的用量始终占据主导地位，绝大部分复合材料构件采用的是热固性树脂基体，如环氧树脂、酚醛树脂等。热固性复合材料一直面临着制造成本高、难以回收再利用等共性问题，成为制约复合材料进一步发展的瓶颈。因此，发展新的复合材料低成本一体化快速制造技术、采用热塑性复合材料逐渐取代热固性复合材料，实现复合材料的绿色高效回收再利用等被认为是下一代复合材料的主要发展方向与技术挑战。

近年来，为满足高性能复合材料的发展需求，学者们开始采用增材制造技术(3D打印技术)实现高性能纤维增强热塑性复合材料结构成形，能够继承增材制造技术优势实现复合材料构件的无模自由成形，摆脱高昂的模具限制与冗长的工艺流程，大大降低复合材料的加工成本与时间成本，同时具备更好的一体化制造复合材料复杂结构的能力。特别是近年来出现的连续纤维增强热塑性复合材料增材制造技术更是将增材制造复合材料的力学性能提升到了新的水平，表现出优异的工程应用价值与发展潜力。增材制造复合材料多采用热塑性基体材料，具备良好的回收再利用能力，可以认为，纤维增强热塑性复合材料增材制造技术对于复合材料工业是一次革命性的创新与突破，必将成为新的研究热点和工业应用增长点。

本书从纤维增强复合材料增材制造工艺基础开始，首先，介绍了当前主要用于纤维增强复合材料增材制造的粉末床熔融与材料挤出成形工艺，以及相关的材料体系；其次，分别深入讨论了纤维增强热塑性复合材料粉末床熔融、连续纤维增强热塑性复合材料挤出成形两种工艺装备及其制备复合材料性能；再次，给出了纤维增强复合材料结构设计与增材制造的案例，重点讨论了连续曲线纤维路径规划与复杂的复合材料结构设计与性能；最后，围绕复合材料功能结构一体化设计与制造，介绍了多层级吸波、屏蔽一体化复合材料结构设计制造方法及性能，初步探讨了采用纤维取向设计实现智能复合材料结构可控变形的技术途径。

在开展复合材料增材制造研究与本书撰写过程中，作者及团队得到了西安交通大学卢秉恒院士、李涤尘教授、段玉岗教授等的指导和帮助。本书相关内容，主要由晏梦雪、尹丽仙、侯章浩、刘腾飞、罗盟等博士，彭刚、尚振涛、张俊康、尚俊凡等硕士，在西安交通大学攻读学位时完成。本书的撰写，由晏梦雪博士整理了第 3 章纤维增强热塑性复合材料粉末床熔融成形；刘腾飞、罗盟博士整理了第 4 章连续纤维增强热塑性复合材料挤出成形；侯章浩博士整理了第 5 章轻质复合材料结构设计、制造与性能；尹丽仙博士、王清瑞等整理了第 6 章复合材料功能结构一体化设计与增材制造；云京新、张道康等完成了初稿的校对。本书也得到了国防工业出版社严春阳编辑在出版工作中的大力支持，在此一并感谢。

纤维增强复合材料增材制造及结构创新设计是一个学科交叉前沿方向，需要科研人员和工程技术人员不断探索和实践。书中有许多不足和问题，诚恳期待读者和专家给予批评和指正。

田小永

2021 年 4 月

目 录
Contents

第 1 章 绪论

1.1 引言 ... 001

1.2 复合材料增材制造技术现状 ... 003
1.2.1 纤维增强热固性树脂复合材料增材制造 ... 003
1.2.2 纤维增强热塑性树脂复合材料增材制造 ... 006

1.3 应用领域 ... 010
1.3.1 高性能轻量化复合材料结构一体化成形 ... 010
1.3.2 复合材料复杂构件创新设计与应用 ... 011

1.4 发展趋势 ... 014

参考文献 ... 015

第 2 章 纤维增强复合材料增材制造工艺基础

2.1 引言 ... 020

2.2 纤维增强热塑性树脂基复合材料增材制造 ... 021
2.2.1 纤维增强热塑性复合材料激光粉末床熔融工艺 ... 021
2.2.2 纤维增强热塑性复合材料挤出成形工艺 ... 024

2.3 复合材料增材制造材料体系 ... 026
2.3.1 纤维增强复合材料的种类 ... 026
2.3.2 几种常用纤维 ... 028
2.3.3 几种常用基体 ... 030

参考文献 ... 032

第 3 章
纤维增强热塑性复合材料激光粉末床熔融成形

3.1 引言 ... 035

3.2 原材料与成形系统 ... 035
3.2.1 原材料 ... 035
3.2.2 纤维增强复合材料激光粉末床熔融成形设备 ... 039

3.3 成形工艺与制件性能 ... 041
3.3.1 工艺预测模型 ... 041
3.3.2 工艺参数对制件力学性能的影响 ... 059
3.3.3 纤维增强复合材料各向异性性能 ... 070

参考文献 ... 076

第 4 章
连续纤维增强热塑性复合材料挤出成形

4.1 引言 ... 081

4.2 连续纤维增强复合材料挤出成形机理 ... 081
4.2.1 原位熔融浸渍挤出成形方法 ... 081
4.2.2 纤维预浸丝挤出成形方法 ... 083

4.3 复合材料多重界面形成机理与优化 ... 086
4.3.1 工艺参数对复合材料性能的影响 ... 089
4.3.2 纤维表面预处理与界面优化 ... 097
4.3.3 激光、等离子辅助界面优化 ... 110

4.4 增材制造连续纤维增强复合材料回收再利用 ... 120
4.4.1 回收再利用工艺原理 ... 121
4.4.2 回收再利用复合材料界面与性能 ... 123

参考文献 ... 133

第 5 章
轻质复合材料结构设计、制造与性能

5.1 引言 ... 135

5.2 曲线纤维增强开孔层合板设计与增材制造 ... 135
5.2.1 曲线纤维增强开孔层合板设计方法 ... 136
5.2.2 曲线纤维增强复合材料结构增材制造方法 ... 140
5.2.3 曲线纤维增强带孔板的设计与增材制造验证 ... 141

5.3 复杂构形轻质结构设计与增材制造 … 146
5.3.1 连续纤维增强轻质夹层结构的增材制造与性能 … 146
5.3.2 基于激光粉末床熔融的复合材料结构件拓扑结构设计 … 154

参考文献 … 156

第 6 章
复合材料功能结构一体化设计与增材制造

6.1 引言 … 158
6.2 复合材料电磁屏蔽结构与性能 … 158
6.2.1 碳纤维复合材料电磁屏蔽原理 … 159
6.2.2 增材制造连续碳纤维复合材料电磁屏蔽性能 … 163
6.2.3 增材制造连续碳纤维复合材料屏蔽性能对比分析 … 167

6.3 复合材料吸波结构与性能 … 168
6.3.1 超材料吸波复合结构设计 … 170
6.3.2 吸波复合结构增材制造 … 177
6.3.3 超材料吸波复合结构吸波性能 … 178

6.4 智能复合材料结构 … 179
6.4.1 4D 打印——智能结构 3D 打印 … 179
6.4.2 智能复合材料结构 4D 打印 … 181

参考文献 … 185

第1章
绪论

1.1 引言

什么是增材制造？增材制造（additive manufacturing，AM）是通过 CAD 设计数据并采用材料逐层累加的方法制造实体零件的技术，相对于传统的材料去除（切削加工）技术，是一种"自下而上"的材料累加制造方法。近十年里，增材制造以迅雷之势迎来了它无可比拟的繁荣期，3D 打印、增材制造这些词汇迅速普及开来。推开增材制造技术的大门，在这个充满着创新性和创造力的行业里，复合材料增材制造一经问世便备受青睐，因其具有的高比强度、高模量、耐疲劳、热性能好等特点，使复合材料与金属、高聚物、陶瓷并称为科技界四大材料。尤其是在航空航天领域，复合材料已然晋升为该领域的三大应用材料之一。

纤维增强树脂基复合材料具有密度小、强度高、模量高等优异特性，目前已被广泛应用于各个领域，涉及航空航天、汽车交通、化工、能源、船舶等行业，逐渐成为人类生活中必不可少的材料。复合材料的成形工艺是连接复合材料从原材料到实际应用的最好桥梁，成形工艺的好坏直接影响了复合材料的应用领域与发展前景。截至目前，复合材料领域已开展了大量针对复合材料成形工艺的研究，形成了一系列相对成熟的制造技术，包括热压成形、缠绕成形、铺放成形、树脂传递模塑成形（resin transfer moldeing，RTM）等传统的成形工艺，这些工艺对于推动复合材料的发展与应用起到了十分重要的作用，但长期以来仍然有一些共性的缺点与不足存在其中，即对不同程度的专用模具存在依赖性。这一特点使得这一类制造工艺存在着加工成本高、无法成形复杂零部件、定制化产品的灵活性低等衍生缺陷。因此，探索开发新的成形工艺用来解决传统方式的不足，实现复合材料低成本、高效、快速制造，是推动复合材料在将来应用更为广泛的关键。

增材制造技术是近年来发展起来的一种实体无模自由成形工艺，将这种成型工艺应用于纤维增强树脂基复合材料成形受到了研究人员和产业化人员的空前关注。它主要通过在打印过程中按照打印路径铺放增强纤维的同时，采用一定的工艺手段将树脂基体与增强纤维的复合，进而实现实体零件的制造。相比传统的成形工艺，复合材料增材制造技术具有工艺过程简单、零模具需求、材料利用率高和制造成本低的显著优点，并且可一体化成形复杂零部件，从而最大程度地减少了复合材料连接工艺。复合材料增材制造技术是复合材料制备、增材制造领域的交叉研究方向，能实现复合材料的低成本快速制造，为扩展复合材料的应用领域、促进复合材料的进一步发展提供了新的思路与途径。

在复合材料中，纤维增强树脂基复合材料目前已成为包括航空航天在内的多个领域的特征零部件制造的应用基材。在航空领域，为了有效降低飞机的飞行成本，提高飞机的飞行性能，设计人员利用纤维增强树脂基复合材料强度高、模量高、密度小、热稳定好、可设计性强等优点，进行飞机的高性能、轻量化制造。根据这一特征，纤维增强树脂基复合材料目前已被广泛应用于尾翼、机翼、机身等多个特征零部件上，大大提高了飞机的飞行效率和综合性能。飞机中纤维增强树脂基复合材料用量已占飞机结构重量的 20%～50%，如在美国 F-22 战斗机上用量达到 25% 左右，在美国波音公司 B787 飞机上用量达到 50%，在欧洲空客公司 A350XWB 飞机上用量也已达到 52%。在航天领域，纤维增强树脂基复合材料是卫星、飞船、探测器等航天器高精度次承力结构的重要基材，广泛应用于结构板、承力筒、太阳翼、天线、桁架等产品中。

纤维增强复合材料的发展历史可追溯近一个世纪。1932 年树脂基复合材料在美国的首次出现，实现了从纤维与树脂原材料、复合材料半成品制备到复合材料构件成形制造的工艺流程。随后，美国莱特空军发展中心将玻璃纤维增强树脂基复合材料用于机身及机翼，该飞机不久后便成功试飞。在第二次世界大战期间，复合材料得到迅速应用推广，甚至一度被应用在民用飞机领域。于是，为实现复合材料构件制造的各种成形工艺，如拉挤成形、模压成形、缠绕成形、铺放成形等便相继发展起来，强有力地推进了复合材料成形工艺的快速发展。随着树脂基复合材料增材制造的发展，以短纤维预浸渍树脂基复合材料为代表的制造方法及工艺获得了极大的关注度。同时，反应链增长浸渍工艺、熔融浸渍工艺、溶液浸渍法、纤维混合法、粉末混合工艺、薄膜叠层法等多种浸渍工艺也相继发展起来。20世纪末，纤维增强热塑性树脂基复合材料再次迅猛发展，在基体材料应用方面，聚丙烯（PP）、聚乙烯（PE）、尼龙（PA）、热塑性聚氨酯（TPUs）、聚醚酰亚胺（PEI）以及聚醚醚酮（PEEK）等多种材料成为重点发展的几类核心基体材料。在纤维应用方面，玻璃纤维、芳纶纤维、碳纤维、高分子聚乙烯纤维等多种纤维也相继受到重视和研究。为了实现纤维和基体的有效复合，大量的研究工作随之开展。Rath等多名研究人员曾就纤维增强粉末态树脂基复合材料进行了理论和实验方面的研究；Vaidya等通过详细分析对比，解释了纤维增强树脂基复合材料中纤维长度对复合材料性能的影响，并总结出不同长度的纤维对应有最佳的制备工艺和匹配树脂材料。然而此时，对于连续纤维增强树脂基复合材料依旧停留在概念层次上。传统的纤维增强树脂基复合材料工艺过程普遍较为复杂，而且加工成本较高，无法实现复杂结构件的快速制造，大大限制了纤维增强树脂基复合材料的应用范围，难以实现纤维及基体的再回收利用，一定程度上也再次增加了制造成本，降低了工艺及制件的绿色性，这也是新时代背景下迫切需要解决的复合材料发展难题。

近年来，出现了一种连续纤维增强树脂基复合材料增材制造工艺在时间、成本、工艺难度、人工介入度上都能更加简易、有效、精确地实现复合材料结构件制备，并达到优化复合材料构件的力学、电学及热学性能等目的，能够推动先进复合材料结构的创新发展。

本书将围绕纤维增强树脂基复合材料的增材制造工艺原理、性能、绿色化制造以及功能性应用等部分依次进行介绍。

1.2 复合材料增材制造技术现状

纤维增强树脂基复合材料增材制造技术的研究始于20世纪90年代末，按照树脂基材料的不同，可分为纤维增强热固性树脂复合材料增材制造技术与纤维增强热塑性树脂复合材料增材制造技术两类。

1.2.1 纤维增强热固性树脂复合材料增材制造

目前，纤维增强热固性树脂复合材料增材制造工艺主要包括薄材叠层、立体光固化以及直写成形等工艺。

1. 纤维增强热固性树脂复合材料薄材叠层技术

利用薄材叠层技术进行纤维增强复合材料制造，需预先将纤维/树脂预浸丝束并排制成预浸条带，预浸条带经传送带送至工作台，激光沿三维模型每个横截面的轮廓线切割预浸条带，逐层叠加、固化，实现三维产品的制造，如图1-1(a)所示。Donald Klosterman等人将连续玻璃纤维与环氧树脂制备成的预浸条带成功应用于薄材叠层技术实现三维实体零件成形，零件纤维与基体形成良好的界面性能，零件抗拉强度达到700MPa左右，如图1-1(b)和(c)所示。

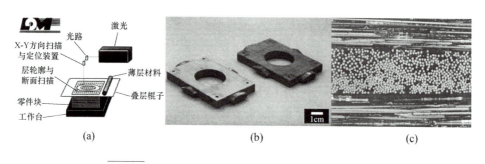

图1-1　纤维增强热固性树脂复合材料薄材叠层技术
(a)原理示意图；(b)玻璃纤维增强环氧树脂试样；(c)微观界面。

2. 纤维增强热固性树脂复合材料立体光固化技术

利用立体光固化技术进行纤维增树脂基复合材料制造，成形过程中在试件中间层加入一层连续纤维编织布，在光敏聚合物发生聚合反应转变为固体过程中，将纤维布嵌入到树脂基体中形成复合材料零件。D. Karalekas等人在光固化过程中将单层的非纺织玻璃纤维布嵌入到丙烯酸基光敏聚合物中光固化成形复合材料零件，如图1-2(a)所示，零件的抗拉强度为55MPa，略高于纯丙烯酸酯光固化件的37MPa，但零件在固化过程中仍存在较大的收缩变形。

另一种是将短纤维混合在液态光敏树脂中，紫外光扫描光敏树脂发生固化反应使短纤维与树脂复合在一起形成复合材料。C. M. Cheah等人将短玻璃纤维与丙烯酸基光敏聚合物混合通过光固化成形复合材料零件，如图1-2(b)所示，零件的抗拉强度提高了33%，同时降低了光固化过程引起的收缩变形。

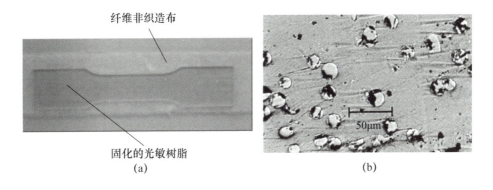

图 1-2 纤维增强热固性树脂复合材料立体光固化技术

(a)玻璃纤维布增强光敏聚合物试样；(b)短玻璃纤维增强光敏聚合物试样。

3. 纤维增强热固性树脂复合材料材料直写成形技术

美国哈佛大学开发了适用于增材制造的短切碳纤维增强环氧树脂基"墨水"，利用直写技术进行成形，再将成形部件进行加热固化成形试样，平均拉伸强度达到66MPa，拉伸模量达到24GPa。研究者利用该工艺进行了轻质蜂窝结构复合材料的打印，获得了具有优异综合性能的零件，如图1-3(a)所示。同时，研究者还通过控制喷嘴出口直径和纤维的长径比，使"墨水"在挤出流和剪切力作用下发生取向，最终获得定向的纤维分布，如图1-3(b)所示。

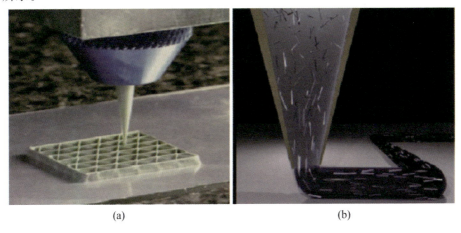

图 1-3 纤维增强热固性树脂复合材料直写技术

(a)直写成形碳纤维增强环氧树脂蜂窝结构；(b)纤维取向控制示意图。

1.2.2　纤维增强热塑性树脂复合材料增材制造

目前，纤维增强热塑性树脂复合材料增材制造工艺主要包括激光粉末床熔融和材料挤出成形两种工艺方法。

1. 纤维增强热塑性树脂复合材料激光粉末床熔融工艺

激光粉末床熔融工艺是以激光、电子束等高能束为能量源，以含有纤维的复合粉末状材料为原材料，在运动机构的控制下，完成设计区域的扫描与熔融，经过层层叠加后形成三维零件。与其他增材制造技术相比，粉末床熔融成形具有较高的成形效率和精度，制件强度高、原材料来源广泛。由于粉末床熔融成形的加工对象为粉末状材料，故采用该工艺进行复合材料零件制造时，通常采用短纤维作为增强材料，包括短切/磨碎的碳纤维、玻璃纤维、矿物纤维等。复合材料成形时，需首先将短切纤维与热塑性树脂粉末混合制备成复合粉末，再将复合粉末在激光的作用下烧结成复合材料实体零件。理论上，激光粉末床熔融工艺可以采用结晶及半结晶高分子材料（图1-4），种类上涵盖了通用塑料、工程塑料及特种工程塑料。目前，在针对高分子材料的粉末床熔融成形研究中，尼龙系列高分子材料是使用最多的材料，其制件不仅具有较好的力学性能，而且具有较好的粉末床熔融成形工艺性。随着增材制造技术应用范围的不断增加、成形制件性能的要求不断提高，研究热点逐渐从工程塑料向特种工程塑料过渡，尼龙系列材料在力学性能、耐高温性能等方面已不能满足某些行业的要求，尤其是在航空航天领域中，因使用环境苛刻，对零件的耐高温及力学性能均提出了更高的要求，尼龙材料已远远不能满足其要求。由此，另外一种具有更高力学性能和耐高温性能的半结晶高分子材料——聚芳醚酮逐渐引起研究者的兴趣，针对该材料的工艺研究和增强改性成为目前粉末床熔融成形研究的热点。

而在增强材料方面，碳纤维作为复合材料领域广泛使用的增强材料，也被用于激光粉末床熔融成形制备碳纤维增强高分子复合材料，并取得了一定的增强效果。J. Wu，H. Chen等采用机械混合的方式制备了短切碳纤维（长度150～250 μm）和PA12的复合粉末，如图1-5(a)所示，通过对碳纤维（carbon fiber，CF）的表面处理改善了碳纤维与基体的界面结合性能，并制备了具有较高力学性能的CF/PA12复合粉末；C. Yan，L. Hao等采用溶剂-沉降的方式制备了碳纤维表面包覆有PA12的复合粉末，如图1-5(b)所示，由于在沉降过程中，碳纤维与尼龙形成了较好的界面结合，所以制备的复合材料具有较好的力学性能；W. Zhu，C. Yan 等在采用溶剂-沉降法制备 CF/PA12 复合粉末的基础上，提出了一种基于激光粉末床熔融工艺制备 CF/PA12/环氧树脂三元复合材料的方法，实验结果表明，复合材料制件具有较为致密的结构，其拉伸强度达到 101.03MPa。在高性能特种工程塑料方面，由于聚芳醚酮优异的使用性能和巨大的应用潜力，碳纤维增强聚芳醚酮复合粉末的开发迅速，ALM 公司于 2019 年推出含有短切碳纤维的 PEKK 复合粉末 HT-23。随后，Hexcel 公司也推出了用于激光粉末床熔融成形的 CF/PEKK 复合粉末，其商品名称为 HexPEKK，并已获得波音公司订单，正式用于飞机零部件的制造。国内的杨华锐、汪艳等将热处理改性的 PEEK 粉末与碳纤维共混制备了复合粉末，并对其进行了性能表征，但是由于国内激光粉末床熔融成形系统较少，尚未进行激光粉末床熔融成形与性能测试。

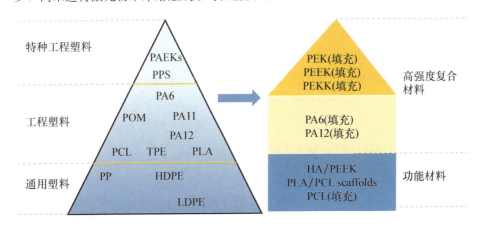

图 1-4　可用于粉末床熔融成形的结晶及半结晶高分子材料及其复合材料

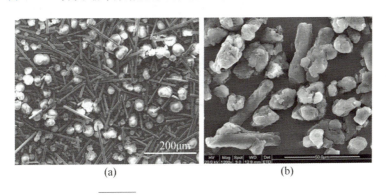

图 1-5　CF/PA12 复合粉末微观结构

(a)机械混合的 CF/PA12 复合粉末；(b)溶剂-沉降制备的 CF/PA12 复合粉末。

2. 纤维增强热塑性树脂复合材料挤出成形工艺

材料挤出成形工艺采用打印头加热熔融树脂丝材，再按照一定路径挤出堆积成形单层轮廓，最终层层累加成三维实体模型，将该工艺应用于纤维增强热塑性复合材料 3D 打印主要通过 3D 打印头挤出熔融树脂基体以及增强纤维，将纤维与树脂按照一定的路径堆积成形。目前，根据纤维长度的不同，该工艺包括短纤维复合材料挤出成形工艺和连续纤维复合材料挤出成形工艺。

短纤维复合材料挤出成形工艺，通常利用热塑性树脂颗粒与短纤维为原材料，混合均匀后制备短纤维增强丝材，打印过程是将纤维复合材料丝材作为材料挤出成形工艺材料进行打印。美国得克萨斯理工大学 Fuda Ning 等人系统地研究了利用短切碳纤维增强 ABS 的材料挤出成形工艺流程与装备，如图 1-6(a)所示，获得的复合材料样件的抗拉强度与模量分别可达到 42MPa 与 2.5GPa，相较纯 ABS 打印件分别提高了 20% 与 24%，并研究了不同的纤维含量与纤维长度对打印样件力学性能与界面性能的影响规律；美国 Local Motors 汽车公司利用该材料挤出成形技术在 2014 年打印了一辆汽车 Strati，该汽车由 40 个部件组成，其中，13%～20% 为碳纤维增强型复合材料，80%～87% 为 ABS 树脂，如图 1-6(b)所示。在国内，北京航空航天大学通过将短切玻璃纤维加入到 ABS 中，制备成短切玻纤增强 ABS 复合材料丝材，成功应用于材料挤出成形工艺，所制备的复合材料试件抗拉强度高于纯 ABS 打印件。

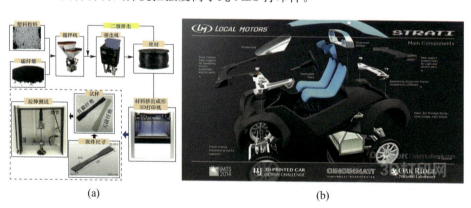

(a)   (b)

图 1-6　短切纤维增强热塑性树脂复合材料挤出成形工艺

(a)成形工艺流程；(b)短切碳纤维增强 ABS 的 Strati 汽车。

连续纤维复合材料挤出成形工艺是近年来发展起来的一种新型高性能复合

材料制造技术,利用该工艺打印的复合材料样件的力学性能较增材制造短切纤维复合材料有了显著的提升,得到越来越多的关注与研究。根据原材料与打印方式的不同,连续纤维复合材料挤出成形工艺主要可以分为两种形式:一种是连续纤维预浸丝复合材料挤出成形工艺,美国的典型代表有 Markforged 公司,Markforged 公司自 2014 年开始陆续推出 Mark 系列打印机,该打印机采用两个独立喷头,一个挤出热塑性树脂,另外一个输送连续纤维预浸丝束,实现构件轮廓与内部填充结构的制造,以兼顾复合材料零件的精度与性能,如图 1-7 所示;另一种是连续纤维原位浸渍复合材料挤出成形工艺,西安交通大学先进制造技术研究所是国内外最早开始研究连续纤维增材制造技术的团队之一,于 2014 年率先提出了一种连续纤维原位浸渍复合材料挤出成形工艺,成形过程中纤维与树脂同时送入同一个 3D 打印头内,在加热作用下树脂融化与纤维复合,之后,复合材料挤出堆积成形三维零件,成功实现了连续碳纤维增强 ABS 复合材料的打印。当纤维含量为 10% 左右时,拉伸强度与模量分别达到了 147MPa 与 4.185GPa,是纯 ABS 试样的 5 倍和 2 倍左右,如图 1-8 所示。2015 年,东京理科大学 R. Matsuzaki 等人开发出原位浸渍复合材料挤出成形工艺,实现了连续碳纤维增强聚乳酸复合材料的打印,当纤维含量为 6.6% 时,拉伸强度与模量分别达到了 200MPa 与 20GPa,相比采用复合材料挤出成形工艺制造的普通 PLA 试样,强度和模量分别增加了 6 倍和 4 倍。P. Bettini 等人在 2016 年研究了连续芳纶纤维增强聚乳酸原位浸渍复合材料挤出成形工艺过程。在国内,南京航空航天大学、武汉理工大学等也相继开展了相关研究。

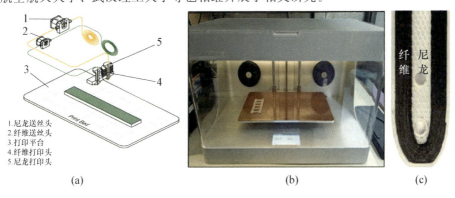

图 1-7　Markforged 公司研发的连续纤维预浸丝复合材料挤出成形工艺

(a)成形原理;(b)MarkOne 打印机;(c)成形零件。

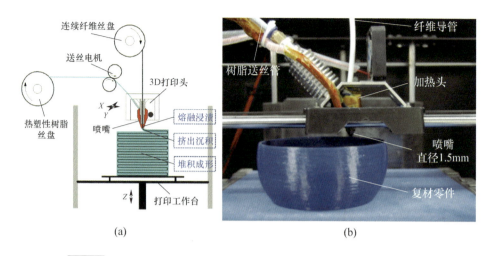

图 1-8 西安交通大学研发的连续纤维原位浸渍复合材料挤出成形工艺
(a)工艺原理；(b)成形过程与复合材料构件。

1.3 应用领域

1.3.1 高性能轻量化复合材料结构一体化成形

近年来，从整个大行业上来看，无论是纤维材料市场还是增材制造市场，在国内外都呈现持续增长趋势，需求量很大，对于纤维材料增材制造细分领域，据 Stratview research 预测，到 2026 年全球增材制造纤维材料的市场规模将达到 5 亿美元，而其中连续纤维增材制造将成为发展主流。连续纤维增强复合材料增材制造技术的应用领域主要可以分为两大类。一类是以航空航天为代表的军工领域，因连续纤维增材制造具有轻量化、周期短、结构适应性广的优势，应用在航空航天等领域能够实现减重、产品快速迭代、结构优化设计等目标，侯章浩等采用连续纤维增材制造工艺一体化制造轻质波纹板结构件，可用于某航天构件减振壁板，其强度超过传统铝合金水平，但密度只有铝合金的 1/3，减重达 60%以上，如图 1-9(a)所示。Andrey V. Azarov 等人利用连续纤维熔融纤维制造工艺制造了无人机主承力框架，如图 1-9(b)所示。另一类是以汽车交通、医疗健康、体育等为代表的民用领域，民用领域对成本要求比较严格，连续纤维增材制造能够摆脱模具的限制，大大降低生产成本，从而解决以往民用市场希望用高性能纤维材料却用不起的难题，并且能够实现个性化定制，完全满足民用市场的应用需求，典型案例如图1-9(c)中利用连续纤维增材制造技术定制的下假肢接受腔，能够根据每个客户不同的需求定制不同的假肢，图1-9(d)为连续纤维增材制造自行车。

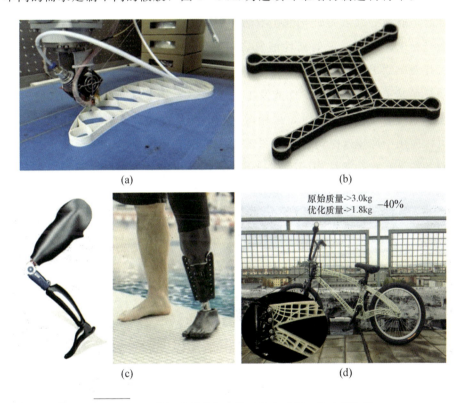

图1-9　连续纤维增强复合材料挤出成形工艺应用案例
(a)波纹板结构；(b)无人机主承力框架；(c)医疗假肢；(d)自行车框架。

1.3.2　复合材料复杂构件创新设计与应用

随着高分子及其复合材料激光粉末床熔融成形技术的发展，相应的应用研究也在开展，其应用范围主要集中在汽车、航空航天、医疗及生物工程、电子、消费品、快速样件等领域，由于激光粉末床熔融技术在成形复杂结构制件的优势和制件具有较高力学性能等特点，目前，已实现一些终端结构零件的结构优化、试制与小批量生产。

其中，在汽车工业领域，激光粉末床熔融制件主要用于实现结构零件的直接制造和小批量样件生产，加快新产品开发周期，如图1-10(a)所示。此外，激光粉末床熔融成形结构零件还可用于客机、直升机、无人机制造中结构件的成形，以节省模具设计与制造的费用，图1-10(b)为采用激光粉末床熔融成形的直升机零部件，由于激光粉末床熔融的技术优势，目前针对该技术在航空航天等领域的研究也在不断开展，波音、空客等飞机制造商也开始将激光粉末床熔融成形的高性能复合材料制件纳入其产品供应链中。同时，在医疗及生物工程中，由于个性化定制的需求，激光粉末床熔融技术也得到应用，尤其是具有较高力学性能及生物相容性的PEEK制件被视为人体部分骨组织的理想替代物。此外，采用激光粉末床熔融工艺制备的多孔功能材料还可以应用于环境及医药行业，图1-10(c)为采用激光粉末床熔融工艺设计并制备的具有富勒烯结构的生物载体，可用于废水处理中的生物反应器，测试结果证明了这种结构的生物载体具有较好的使用性能。

图1-10 粉末床熔融成形制件

(a)尼龙材料汽车零部件；(b)贝尔直升机零件；(c)生物载体。

由于粉末床熔融成形技术在成形效率、制件性能等方面的优势，高性能复合材料的激光粉末床熔融成形技术可以很好地满足航空航天对高性能复合材料制件的快速开发、结构优化、轻量化设计以及小批量生产的需求。在航空航天领域，由于大部分零部件属于小批量工业产品，采用传统加工工艺需要开发相应的模具，会产生较高的成本和需要较长的开发周期，激光粉末床熔融成形技术的应用可以大幅缩短开发周期、降低成本。同时，航空航天领域对于制件轻量化设计有着较高的要求，制件的轻量化成为工程师们追求的重要目标之一。对于大型飞机而言，减重1kg将可为其服役期节省45000L燃油；对于运载火箭及航天飞行器而言，每减重1kg则可以减少携带50kg燃油。受制于传统加工工艺对于结构的限制，不能进行充分的结构优化设计，利用激光粉末床熔融技术在成形复杂结构方面的优势，可以实现具有复杂结构的轻量化制件的成形，因此，激光粉末床熔融技术在航空航天领域具有巨大的应用潜力。

目前，工程塑料的激光粉末床熔融成形制件在飞机制造领域已经有一定的应用，自20世纪90年代开始，波音公司就开始将激光粉末床熔融制件应用于飞机中的非结构件，空客公司也将激光粉末床熔融成形的工程塑料制件直接应用于飞机塑料夹具、内饰、管路托架等，如图1-11(a)所示。近日，波音公司将激光粉末床熔融成形的碳纤维增强聚醚酮酮(PEKK)复合材料正式纳入到了供应链中，据报道该材料不仅具有优异的耐高温、耐化学、力学性能，还具有明显的轻量化优势，可代替部分金属铸造件，用于飞机零部件的直接制造，包括优化设计的支架、复杂结构管道等，如图1-11(b)、图1-11(c)所示。此外，在汽车工业领域，激光粉末床熔融制件不仅可以实现具有较好强度结构零件的直接制造和小批量样件生产，还可以利用其在成形复杂结构方面的优势，实现一体成形，图1-11(d)中给出了采用激光粉末床熔融成形的CNTs/PA12汽车进气歧管部件。测试结果表明，由于采用了激光粉末床熔融成形工艺进行一体成形，与经过多道工序组装拼接注塑成形的汽车进气歧管部件相比，具有更好的耐爆破性能。

总体来说，高分子及其复合材料的激光粉末床熔融成形技术具有较好的技术优势，有希望应用于越来越多的产业领域。目前，能够逐渐取代传统生产工艺获得实际应用的产业主要集中在机械工业领域，尤其是在航空航天领域具有较大的应用潜力，由于目前成形材料和性能的限制，高分子材料的激光粉末床熔融制件虽然在航空领域已有一定的应用，但是在航天工业中的应用还较少，所以如果能实现高性能复合材料的激光粉末床熔融成形，将极大地扩展这一技术的应用范围。

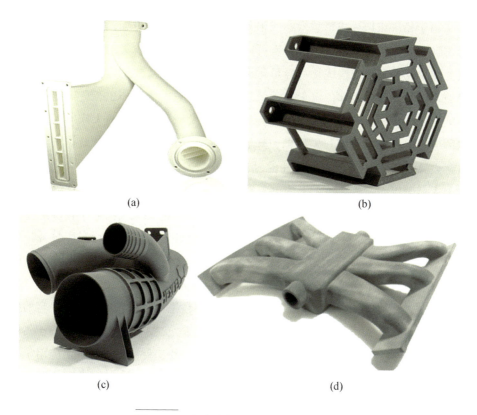

图 1-11　粉末床熔融成形制件应用案例
(a)飞机通风管道；(b)飞机支架结构；(c)飞机管道结构；(d)汽车进气歧管。

1.4　发展趋势

纤维增强树脂基复合材料增材制造技术的发展趋势主要包括以下几个方面。

1. 高强度特种工程塑料复合材料的增材制造与工艺研究

目前，在树脂基复合材料的增材制造研究中，基体材料仍然以通用塑料或工程塑料为主，如 PLA、PA、ABS 等。由于这些材料的强度和耐高温性能有限，不能很好地满足航空航天领域中对材料耐高温性能及高强度的要求，所以，针对特种工程塑料为基体材料的高性能复合材料的增材制造工艺研究是非常必要的。

2. 系统的应用研究与质量标准的提出

目前，增材制造复合材料已经在一些行业获得了应用，但是对其使用性能尚未开展系统研究和全面论证。同时，由于针对增材制造复合材料的制件质量标准也有待制定和推广，所以也限制了增材制造复合材料制件的产业推行。

3. 纤维增强热塑性复合材料增材制造 Z 向力学性能增强

由于增材制造技术基于离散－分层制造的特点，增材制造所制备零件在性能上均存在一定程度的各向异性，尤其是其 Z 向力学性能较差，很大程度上限制了这一技术的应用范围。因此，研究利用多种手段提升 Z 向力学强度，改善制件各向异性是突破技术瓶颈的必经之路。

4. 不断提高增材制造复合材料制件的效率与精度

目前，增材制造复合材料的成形精度和效率，在一定程度上制约着其实际应用场合，针对大型复杂零件的增材制造，工艺策略的优化还需要进行不断地研究与改进。

5. 面向增材制造的产品结构设计方法有待提出

目前，在增材制造产品结构设计中，绝大部分仍然采用面向传统制造工艺的设计构型，未充分利用增材制造所提供的设计空间，从而造成产品性能无法在本质上得到提升。因此，开展面向增材制造的设计方法研究，发展完整的设计理论体系，突破传统设计极限，获得优质创新结构构型已成为重要的研究方向。

参考文献

[1] 何亚飞，矫维成，杨帆，等．树脂基复合材料成型工艺的发展[J]．纤维复合材料，2011,28(2)：7-13.

[2] 沈军，谢怀勤．航空用复合材料的研究与应用进展[J]．玻璃钢/复合材料，2006(05):48-54.

[3] 唐见茂．航空航天复合材料发展现状及前景[J]．航天器环境工程，2013,30(4)：352-359.

[4] 吴良义. 航空航天先进复合材料现状:第十三次全国环氧树脂应用技术学术交流会论文集[C]. 岳阳:中国环氧树脂应用技术学会,2009.

[5] 孙宝磊,陈平,李伟,等. 先进热塑性树脂基复合材料预浸料的制备及纤维缠绕成型技术[J]. 纤维复合材料,2009,26(1):43-48.

[6] VAIDYA U K, CHAWLA K K. Processing of fibre reinforced thermoplastic composites[J]. International Materials Reviews, 2008, 53(4):185-218.

[7] RATH M, KREUZBERGER S, HINRICHSEN G. Manufacture of aramid fibre reinforced nylon-12 by dry powder impregnation process[J]. Composites Part A Applied Science & Manufacturing, 1998, 29(8):933-938.

[8] PADAKI S, DRZAL L T. A Consolidation Model for Polymer Powder Impregnated Tapes[J]. Journal of Composite Materials, 1997, 31(21):2202-2227.

[9] Fibroline. Dry powder impregnation technologies _ Fibroline _ France[EB/OL]. (2006-06-25)[2019-10-11]. https://www.fibroline.com/.

[10] PADAKI S, DRZAL L T. A simulation study on the effects of particle size on the consolidation of polymer powder impregnated tapes[J]. Composites Part A Applied Science & Manufacturing, 1999, 30(3):325-337.

[11] GUTOWSKI T G, CAI Z, KINGERY J, et al. Applications of the Resin Flow/Fiber Deformation Model: 31st SAMPE Symposium Proceedings[C]. Las Vegas: Sampe Q, 1986.

[12] MAHIEUX C A. Cost effective manufacturing process of thermoplastic matrix composites for the traditional industry: the example of a carbon-fiber reinforced thermoplastic flywheel[J]. Composite Structures, 2001, 52(3):517-521.

[13] OLIVEUX G, DANDY L O, LEEKE G A. Current status of recycling of fibre reinforced polymers: Review of technologies, reuse and resulting properties[J]. Progress in Materials Science, 2015, 72:61-99.

[14] TURNER B N, STRONG R, GOLD S A. A review of melt extrusion additive manufacturing processes: I. Process design and modeling[J]. Rapid Prototyping Journal, 2014, 20(3):192-204.

[15] KLOSTERMAN D, CHARTOFF R, GRAVES G, et al. Interfacial characteristics of composites fabricated by laminated object manufacturing[J]. Composites Part A: Applied Science and Manufacturing, 1998, 29(9):1165-1174.

[16] KARALEKAS D E. Study of the mechanical properties of nonwoven fibre

mat reinforced photopolymers used in rapid prototyping[J]. Materials & design, 2003, 24(8): 665-670.

[17] CHEAH C M, FUH J Y H, NEE A Y C, et al. Mechanical characteristics of fiber-filled photo-polymer used in stereolithography[J]. Rapid Prototyping Journal, 1999, 5(3): 112-119.

[18] JING W, HUI C, QIONG W, et al. Surface modification of carbon fibers and the selective laser sintering of modified carbon fiber/nylon 12 composite powder[J]. Materials & Design, 2017, 116:253-260.

[19] YAN C, HAO L, XU L, et al. Preparation, characterisation and processing of carbon fibre/polyamide-12 composites for selective laser sintering[J]. Composites Science and Technology, 2011, 71(16):1834-1841.

[20] ZHU W, YAN C, SHI Y, et al. A novel method based on selective laser sintering for preparing high-performance carbon fibres/polyamide12/epoxy ternary composites[J]. Scientific Reports, 2016,6(1):1-10.

[21] 朱伟. 非金属复合材料激光选区烧结制备与成形研究[D]. 武汉:华中科技大学, 2018.

[22] Advanced Laser Material. HT-23[EB/OL]. [2019-07-04]. https://alm-llc.com/portfolio-items/ht-23/.

[23] Hexcel. HexAM Additive Manufacturing Approved by Boeing for Commercial Aircraft Platforms[EB/OL]. [2019-12-10]. https://www.hexcel.com/news/news-releases/2807/hexcel-hexam-additive-manufacturing-approved-by-boeing-for-commercial-aircraft-p.

[24] 杨华锐,汪艳. 聚醚醚酮/碳纤维复合粉末的制备及性能[J]. 工程塑料应用, 2016,44(10):27-31.

[25] COMPTON B G, LEWIS J A. 3D-printing of lightweight cellular composites[J]. Advanced materials, 2014, 26(34): 5930-5935.

[26] YAN C, HAO L, XU L, et al. Preparation, characterisation and processing of carbon fibre/polyamide-12 composites for selective laser sintering[J]. Composites Science and Technology, 2011, 71(16): 1834-1841.

[27] KUMAR S, KRUTH J P. Composites by rapid prototyping technology[J]. Materials & Design, 2010, 31(2): 850-856.

[28] NING F, CONG W, QIU J, et al. Additive manufacturing of carbon fiber

reinforced thermoplastic composites using fused deposition modeling[J]. Composites Part B: Engineering, 2015, 80: 369-378.

[29] TEKINALP H L, KUNC V, VELEZ-GARCIA G M, et al. Highly oriented carbon fiber-polymer composites via additive manufacturing[J]. Composites Science and Technology, 2014, 105: 144-150.

[30] Local Motors Company. Home-Local Motors[EB/OL]. [2016-03-06]. https://localmotors.com/.

[31] ZHONG W, LI F, ZHANG Z, et al. Short fiber reinforced composites for fused deposition modeling[J]. Materials Science and Engineering: A, 2001, 301(2): 125-130.

[32] FUJIHARA K, HUANG Z M, RAMAKRISHNA S, et al. Influence of processing conditions on bending property of continuous carbon fiber reinforced PEEK composites[J]. Composites science and technology, 2004, 64(16): 2525-2534.

[33] HOU Z, TIAN X, ZHANG J, et al. 3D printed continuous fibre reinforced composite corrugated structure[J]. Composite Structures, 2018, 184: 1005-1010.

[34] AZAROV A V, ANTONOV F K, GOLUBEV M V, et al. Composite 3D printing for the small size unmanned aerial vehicle structure[J]. Composites Part B: Engineering, 2019, 169: 157-163.

[35] 南极熊3D打印网. Markforged 工业级复合材料打印机打造世界首款水陆两用假肢[EB/OL]. [2018-10-12]. http://www.nanjixiong.com/thread-130391-1-1.html.

[36] 弗戈工业在线. 3D打印的自行车架,凸显新型连续纤维制造工艺的独特优势[EB/OL]. [2018-07-13]. https://www.vogel.com.cn/magazine_journal.html?id=12149.

[37] 一汽大众. 3D打印风道试制件将成本降至10%[EB/OL]. [2019-7-22]. http://www.farsoon.com/industry_detail/productId=99.html.

[38] 崔厚学,高方勇,魏青松. 3D打印在汽车制造中的应用[J]. 世界制造技术与装备市场, 2017, 24(2): 88-92.

[39] 董洁,龙玲,殷国富. 增材制造技术在汽车行业的应用研究[J]. 机械, 2019, 46(2): 41-45, 67.

[40] 王晓巍,徐恺,杨帅领,等. 基于增材制造的轻量化行星齿轮设计[J]. 科学技术创新,2018(17):195-196.

[41] 华曙高科. 华曙3D打印辅助全髋关节置换术成功率达100%[EB/OL]. [2019-7-09]. http://www.farsoon.com/yl_detail/productId=67.html.

[42] BERRETTA S, EVANS K, GHITA O. Additive manufacture of PEEK cranial implants: Manufacturing considerations versus accuracy and mechanical performance [J]. Materials & Design, 2018, 139: 141-152.

[43] DONG Y, FAN S Q, SHEN Y, et al. A novel bio-carrier fabricated using 3D printing technique for wastewater treatment[J]. Scientific reports, 2015, 5: 12400.

[44] FISCHER S, PFISTER A, GALITZ V, et al. A High-performance Material for Aerospace Applications: Development of Carbon Fiber Filled PEKK for Laser Sintering: Proceedings of the 27th Annual International Solid Freeform Fabrication Symposium-An Additive Manufacturing Conference[C]. Austin: The University of Texas, 2016.

[45] 陈勃生,赖端,杨鸽,等. 高分子增材制造技术对我国航空制造业的发展影响研究[J]. 航空制造技术,2017,60(10):59-63.

[46] Boeing Company. 2016 environment report[EB/OL]. [2017-03-13]. http://www.boeing.com/resources/boeingdotcom/principles/environment/pdf/2016_environment_report.pdf.

[47] Airbus Company. Innovative 3D printing solutions are "taking shape" within Airbus [EB/OL]. [2019-7-9]. http://www.airbus.com/newsevents/newsevents 3d printing solutions are taking shape within airbus/.

第 2 章
纤维增强复合材料增材制造工艺基础

2.1 引言

纤维增强复合材料的快速发展受到日益增长的严苛应用需求所推动。纤维作为一种轻质高强的增强体，能够快速提升基体材料的各向力学性能。无论是热、电、磁等功能性干预，还是拉、压、弯、剪等机械性改善，纤维的出现和应用革新都极大地拓宽了以航空航天领域应用为代表的极端环境高适应性零部件的制造。实现纤维和塑料基体的有效结合是纤维增强复合材料增材制造发展的主线，无论是热塑性基体还是热固性基体都有其对应制造工艺的发展。例如，针对纤维增强热塑性复合材料，就有以短纤维混合粉末作为原材料，利用激光进行烧结的粉末床熔融工艺制备较好精度的复杂零部件。除此之外，将短纤维复合在树脂内部形成丝材作为原料，也可以借助材料挤出成形工艺实现零部件的制备。连续纤维增强热塑性树脂基复合材料挤出成形工艺相较于短纤维增强复合材料更是实现了更高强度的提升和纤维潜力的再次挖掘。针对纤维增强热固性树脂基复合材料，无论是薄材叠层制造工艺、立体光固化工艺还是直写成形工艺也都为该材料体系下制造技术的发展提供了创新的工艺和思路。对于作为增强体的纤维来说，无论是碳纤维、芳纶纤维、玻璃纤维、玄武岩纤维还是更多如雨后春笋般出现的有机纤维也都在不同领域有对应的应用价值，以此更好地匹配不同复合材料的制备工艺，不断挖掘应用潜力。

本章主要介绍纤维增强热塑性树脂基复合材料制备工艺、常用基体、纤维材料体系及其对应参数，以帮助读者在后续章节更好地理解相关材料及工艺制备过程。

2.2 纤维增强热塑性树脂基复合材料增材制造

目前,纤维增强热塑性树脂复合材料增材制造技术工艺主要包括激光粉末床熔融成形、材料挤出等工艺方法。

2.2.1 纤维增强热塑性复合材料激光粉末床熔融工艺

与结晶、半结晶高分子材料在激光粉末床熔融成形过程类似,纤维增强复合材料的激光粉末床熔融成形工艺也包含平整粉末床的形成、高分子的熔融、结晶及冷却等几个过程。除此之外,由于增强纤维的存在,复合材料的粉末床熔融成形过程与单一高分子粉末的成形过程又有所不同,如图 2-1 所示,其成形工艺过程主要包括以下几个步骤。

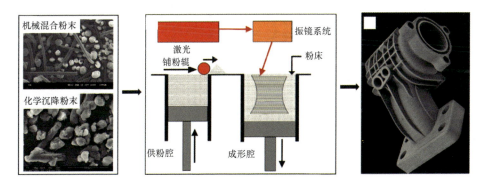

图 2-1 纤维增强复合材料激光粉末床熔融成形工艺过程

1. 复合粉末的制备

由于激光粉末床熔融成形以粉末状材料为原材料,并且复合粉末必须能够在铺粉机构的作用下形成平整密实的粉末床,故含有增强纤维的复合粉末制备是进行复合材料激光粉末床熔融成形的第一步。复合粉末的制备可以通过多种方法进行,其中,机械混合法可以很方便地制备复合粉末,适宜大批量生产,此外也可以采用溶剂-沉降等化学方法制备纤维与高分子的复合粉末。

2. 激光选区烧结成形

形成致密平整的粉末床之后,在振镜系统的作用下,高强度激光能量扫描选定区域，被扫描的区域吸收激光能量，温度上升至复合粉末中高分子材料的熔融温度，高分子材料发生一系列的物相变化，其变化过程可用半结晶高分子材料的典型DSC曲线来表示，如图2-2所示。

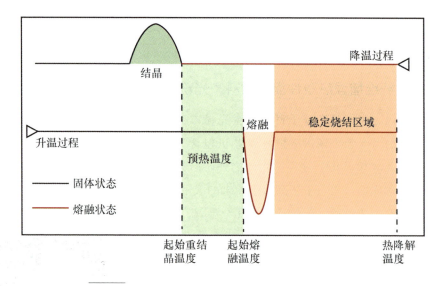

图2-2 粉末床熔融成形及材料受热和物相变化过程

(1)在预热系统的作用下，成形腔内的粉末被加热并保持在预热温度状态。预热温度一般控制在材料的重结晶温度与熔融温度之间，在保证粉末床不发生结块的条件下，尽量接近熔融温度，以减少烧结区域和非烧结区域的温度差，降低制件的翘曲和收缩。

(2)高强度激光能量扫描选定区域，被扫描区域吸收激光能量，温度上升至高分子材料的熔融温度，高分子材料发生熔融与流动，在接近零剪切力的作用下，发生黏性流动，形成烧结颈，进而发生凝聚，实现单层形状的黏结成形。

(3)当激光扫描结束后，扫描区域的热量向粉末床下方传递，同时与粉末床上方发生对流和辐射，温度下降，具有结晶能力的高分子材料在温度降低过程中，部分分子链进行规则排列，形成高分子晶体，随后在激光扫描区域发生固化。

值得注意的是，对于含有增强纤维的复合粉末，其在激光粉末床熔融成形过程中，增强纤维一般不发生物相变化，但是由于纤维的存在，会在一定程度上改变高分子粉末在此过程中的光学、热传递、物相变化等特性，从而造成了纤维增强复合材料在激光粉末床熔融成形机理上的特殊性。

激光粉末床熔融工艺涉及的工艺参数比较多，包括预热温度、数据处理时零件的分层厚度，以及由激光功率、激光扫描速度、扫描间距共同组成的激光能量密度等，这些均对成形制件性能有明显的影响。尼龙材料是目前激光粉末床熔融研究中使用最多的材料，大部分的工艺也是围绕尼龙材料展开的。其中，预热温度的设置一般在材料的重结晶温度与熔融温度之间，在其他工艺参数保持不变的情况下，预热温度越接近熔融温度，制件的致密度及强度越好。同时，保持较高的预热温度还可以减少烧结区域和非烧结区域的温度差，降低制件的翘曲和收缩，但是预热温度过高，粉末材料受热易发生软化，易造成粉末床的结块，影响成形过程。根据相关文献，PA12 的预热温度范围一般在 160~175℃。分层厚度受到粉末粒径大小的影响，其取值最小不能低于粉末粒径，以免影响铺粉过程，最大不能超过烧结单层的熔融厚度，分层厚度较大时，一方面会造成明显的阶梯效应，影响制件形状精度与表面质量，另一方面，可能造成层间结合性能较差，影响制件性能。一般来说，市售的 PA12 粉末材料，分层厚度建议取值范围在 0.1~0.2mm。此外，激光能量密度作为单位面积上的激光能量大小的表征，其值越大，成形制件的致密度随之增大，相应的制件力学性能也逐渐提高且存在一个最佳值，当激光密度增大到一定程度时，粉末床的瞬时温度可能过高，造成高分子材料的热降解，从而造成制件的性能下降。

因为可用于聚芳醚酮激光粉末床熔融成形的装备较少，所以针对该材料的工艺研究也比较少。S. Berretta 等人采用 EOS P800 系统对聚醚醚酮(PEEK)、聚醚酮(PEK)材料的激光粉末床熔融成形工艺展开了研究，如表 2-1 所列，实验结果显示，PEEK450PF、PEEK150PF 适宜的预热温度分别为 338℃ 和 332℃，稍低于 PEK(340℃)，随着激光能量密度的增加，制件的致密度增加，力学性能随之提高，在激光能量密度为 $0.029J/mm^2$ 的条件下，PEEK 150PF 和 PEEK 450PF 拉伸强度达到最大值，分别为 41MPa 和 63MPa，低于 PEEK 材料的注塑件强度(98MPa)，这可能是由于 PEEK450PF 及 PEEK150PF 均非激光粉末床熔融专用材料，对激光粉末床熔融成形工艺的适应性不好造成的。在针对 PEK 的成形工艺研究中发现，在合适的工艺参数下，X 方向打印的 PEK 制件拉伸强度约为 85MPa，Y 方向制件的拉伸强度为 80MPa 左右，比该材料的注塑件拉伸强度低 10% 左右，Z 方向上的力学强度最低，为 42MPa 左右，且三个方向成形制件的断裂延伸率均低于 5%，也要明显低于其注塑件(约 31%)。

表 2-1 粉末床熔融成形聚芳醚酮工艺参数及最佳力学性能

材料种类	拉伸强度/MPa	分层厚度/mm	预热温度/℃	激光能量密度/(J/mm²)
PEK	85	0.12	340	0.029
PEEK 450PF	63	0.12	338	0.029
PEEK150PF	41	0.12	332	0.029

2.2.2 纤维增强热塑性复合材料挤出成形工艺

材料挤出成形工艺是一种原理简单、成形速度快的增材制造工艺。其成形原理主要通过电机带动送丝轮将丝状的热塑性材料或者复合材料按照提前设计好的进给量送入打印喷头中，在打印喷头内部加热到熔融状态，而后熔融态树脂在树脂丝材的推力作用下进到喷嘴内部，最终在打印喷头的压力作用下从喷头下方的小直径喷嘴（直径通常为 0.4～1.0mm）中挤出，此时熔融态的树脂在空气中迅速冷却固化并黏覆在打印工作台上，完成挤出成形过程。

通过 X 轴和 Y 轴方向的电机控制，树脂或其复合材料按照一定的路径挤出堆积成单层轮廓，配合打印平台或者打印喷头的升降，最终能够在 Z 向即高度方向上不断挤出熔融层，然后逐层累加，最终完成三维实体模型的制造，如图 2-3 所示。

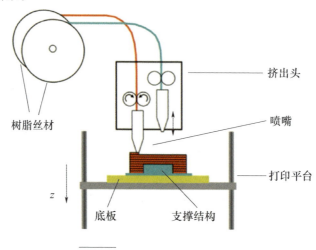

图 2-3 材料挤出成形工艺原理

将材料挤出工艺应用于纤维增强热塑性复合材料增材制造,主要通过挤出头实现树脂基体及增强纤维的熔融挤出,然后再将挤出的复合材料按照一定的路径堆积成形。目前,根据纤维长度的不同,该工艺可分为短纤维增强热塑性复合材料挤出工艺和连续纤维增强热塑性复合材料挤出工艺。

西安交通大学和陕西斐帛科技发展有限公司联合开发了连续纤维增强复合材料增材制造技术,其原理如图2-4所示,以纤维干丝与热塑性树脂丝材为原材料,丝材通过送丝电机送入到3D打印头中,在打印头内部加热熔融,熔融树脂在丝材推力作用下送入到喷嘴内部。与此同时,连续纤维通过纤维导管送入到同一个3D打印头内,穿过整个打印头在喷嘴内部被熔融树脂浸渍包覆形成复合丝材,浸渍后的复合丝材从喷嘴出口处挤出,随后树脂基体迅速冷却固化黏附在工件上层,使得纤维能够不断地从喷嘴中拉出。同时,在计算机控制下,X-Y运动机构根据截面轮廓与填充信息按照设定路径带动打印头运动,复合材料丝不断从喷嘴中挤出堆积,形成单层实体;单层实体打印完成后,Z轴工作台下降层厚距离,重复打印过程,实现连续纤维增强热塑性复合材料三维构件的制造。所制备的碳纤维增强PLA复合材料,纤维体积含量达到28%时,抗弯强度达到390MPa,抗弯模量达到31GPa,是传统PLA零件的7倍左右。

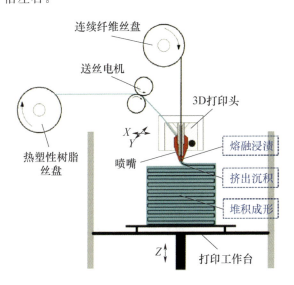

图2-4　连续纤维增强树脂基复合材料增材制造原理

2.3 复合材料增材制造材料体系

复合材料主要由增强相和基体材料两部分构成。一般而言，复合材料结构中的连续相称为基体，主要起支撑增强相、保护增强相的作用，并在增强相间起传递载荷的作用，如环氧树脂、聚醚醚酮等，以独立形态分布于基体中的分散相，由于其具有显著增强材料性能的特点，故被称为增强相，如碳纤维、晶须等。

2.3.1 纤维增强复合材料的种类

纤维增强复合材料根据纤维的长短可分为短纤维增强复合材料、长纤维增强复合材料和连续纤维增强复合材料，目前对于这三者之间的界线没有统一的定论，综合前人的研究，可将范围归纳为：纤维长度为 0.2～0.6mm 的为短纤维，纤维长度为 0.6～15mm 的为长纤维，大于 15mm 的纤维为连续纤维。纤维长度是决定纤维增强复合材料性能的最主要因素，不同长度的纤维具有不同的特点和用途。

1. 短纤维增强复合材料

短纤维增强复合材料出现得较早，在大部分的应用中，短纤维增强复合材料的加工过程和基体树脂一样，可以采用注射成形、挤出成形等，不需要特殊的成形设备。短纤维在复合材料中呈均匀无规则分布，具有较高的成形性。在性能方面，添加短纤维增强后，复合材料的性能会有较大的变化，通常在力学性能方面会有较大提升。同时，也可以添加一些特殊的短纤维以提高复合材料的功能性，比如尼龙6用玻璃纤维增强后，其热变形温度可从 50℃ 提高到 190℃ 以上，用碳纤维增强后，可提高复合材料的导电性能等。

2. 长纤维增强复合材料

长纤维增强复合材料是发展迅速的一类高性能材料，尤其是在近十几年来，长纤维增强复合材料在力学性能、化学性能、电性能和物理性能等方面都取得了很大进展。研究人员对长纤维增强复合材料的复合工艺、复合材料的力学性能、纤维和树脂界面（如黏结性、纤维取向等）对复合材料性能的影响等关键技术开展了广泛研究。与短纤维相比，长纤维的长度较长，而且纤维分散得更好，可以明显提高复合材料制品的力学性能，比如复合材料的比刚度、比强度、抗冲击性、耐蠕变性和耐疲劳性等。

3. 连续纤维增强复合材料

与短纤维增强复合材料、长纤维增强复合材料不同，连续纤维增强复合材料的增强纤维是连续的，其力学性能远远高于长纤维增强复合材料部件。特别是由于预浸渍技术的改进，可以制备纤维含量较高的复合材料，其增强效果便能提高得更加显著，甚至已经完全满足航空航天领域结构复合材料的力学性能指标。相比于短纤维增强复合材料和长纤维增强复合材料，连续纤维增强复合材料的成形比较复杂，传统的注射成形、挤出成形等工艺不能实现连续纤维增强复合材料构件的制造。因此，近年来连续纤维增强复合材料增材制造工艺和纤维铺放等新兴的制造技术受到了越来越多的关注。

根据基体材料的不同，纤维增强复合材料主要可以分为纤维增强热固性复合材料和纤维增强热塑性复合材料两类。

1. 纤维增强热固性复合材料

热固性树脂第一次加热时可以软化流动，加热到一定温度，产生化学反应——交联反应而固化变硬，这种变化是不可逆的，此后再加热时，已不能再变软流动。正是借助这种特性进行成形加工，利用第一次加热时的塑化流动，在压力下充满型腔，进而固化成为确定形状和尺寸的制品。热固性复合材料具有较好的工艺性，在固化前，热固性树脂黏度很低，因而在常温常压下更容易浸渍纤维，并在较低的温度和压力下固化成形，固化后具有较好的抗蠕变性。因此，在过去的半个世纪，航天航空和其他高技术领域应用的先进结构材料一直被高性能热固性复合材料所占据。热固性复合材料在航空航天和军事领域的应用过程中存在耐热性差、抗冲击性差、抗损伤能力低和难以回收等缺点。此外，热固性浸料需要低温冷藏且储存期有限，成本较高，这些因素都限制了纤维增强热固性复合材料的应用。

2. 纤维增强热塑性复合材料

使用热塑性复合材料的最初原因主要来自于其经济性。热塑性复合材料具有成形速度快、预浸料无需特殊环境保存、使用期长、易于回收利用等特点，降低了复合材料部件的初始制造成本和后期的维修费用。20世纪70年代以后，聚醚醚酮（PEEK）、聚酰胺酰亚胺（PAI）等一系列新型高性能热塑性聚合物相继出现。以这些热塑性聚合物作为复合材料的基体树脂，可以赋予复合材料较好的韧性、较高的使用温度和较强的抵御空间环境能力。同时，这类复合材料的成形需要较高的成形温度、较严苛的浸渍工艺、适宜的退火工艺，以期获得最佳的材料性能。

2.3.2 几种常用纤维

纤维材料在外观上呈细丝状态，具有极细的直径，同时长度很长，具有较高的长径比。对于复合材料而言，纤维作为增强相，其主要的功能是承担外界载荷，尤其对于结构复合材料来说，它的高比强度和比刚度等特性均来自纤维。因此，在纤维增强复合材料中，要求纤维具有较高的强度和较低的断裂延伸率等特点，且在基体中要呈伸展状态。纤维的种类越来越多，根据材料来源可分为天然纤维（如剑麻、纤维素纤维等）和化学纤维（如碳纤维、芳纶纤维等），根据材料的性质可以分为无机纤维（如玻璃纤维、碳纤维等）和有机纤维（如聚酰胺纤维、聚芳酰胺纤维等）。纤维增强复合材料常用的增强纤维有碳纤维、芳纶纤维和玻璃纤维等。

1. 碳纤维

碳纤维是一种含碳量在95%以上的高强度、高模量新型纤维材料。它是由片状石墨微晶等有机纤维沿纤维轴向方向堆砌而成，经碳化及石墨化处理而得到的微晶石墨材料。碳纤维"外柔内刚"，密度比金属铝小，但强度却高于钢铁，并且具有耐腐蚀、模量高的特性，在国防军工和民用方面都是重要的材料。它不仅具有碳材料的固有本征特性，而且具有纺织纤维的柔软可加工性，是新一代增强纤维。碳纤维具有许多优良性能，碳纤维的轴向强度和模量高、密度低、比性能高、无蠕变，在非氧化环境下耐超高温，耐疲劳性好，比热及导电性介于非金属和金属之间，热膨胀系数小且具有各向异性，耐腐蚀性好，X射线透过性好。同时，具有良好的导电导热性能，电磁屏蔽性好等。碳纤维与玻璃纤维相比，弹性模量是其3倍多，与芳纶纤维相比，弹性模量是其2倍左右，在有机溶剂、酸、碱中不溶不胀，耐蚀性突出。

2. 芳纶纤维

芳纶纤维是一种新型高科技合成纤维，具有强度超高、模量高、耐高温、耐酸耐碱、密度小等优良性能，其强度是钢丝的 5～6 倍，模量为钢丝或玻璃纤维的 2～3 倍，韧性是钢丝的 2 倍，而密度仅为钢丝的 1/5 左右，在 560℃ 的温度下，不分解，不融化。而且，它具有良好的绝缘性和抗老化性能，具有较长的生命周期。芳纶纤维是重要的国防军工材料，为了适应现代战争的需要，美、英等发达国家的防弹衣均为芳纶材质，芳纶防弹衣和头盔的轻量化，有效提高了军队的快速反应能力和杀伤力。

3. 玻璃纤维

玻璃纤维是一种性能优异的无机非金属材料，种类繁多，优点是绝缘性好、耐热性强、抗腐蚀性好、机械强度高；缺点是性脆、耐磨性较差。它是以玻璃球或废旧玻璃为原料经高温熔制、拉丝、络纱、织布等工艺制造而成的，其单丝的直径为几微米到二十几微米，相当于一根头发丝的 1/20～1/5，每束纤维原丝都由数百根甚至上千根单丝组成。玻璃纤维通常用作复合材料中的增强材料，应用于电绝缘材料、绝热保温材料、电路基板等多个国民经济领域。

更多典型纤维的属性如表 2-2 所列。

表 2-2 部分典型纤维的属性列表

材料(纤维)	拉伸模量/GPa	拉伸强度/GPa	压缩强度/GPa	密度/(g/cm³)
硼纤维	415	3～5	5～9	2.5～2.6
碳化硅纤维	200	2.8	3.1	2.6
E 型玻璃纤维	70	1.5～2.5	—	2.5
S 型玻璃纤维	90	4.5	>1.1	2.46
碳纤维 P100	725	2.2	0.48	2.15
PAN 基碳纤维	585	3.8	1.67	1.94
芳纶纤维	125	3.5	0.39～0.48	1.45
PBZT 纤维	325	4.1	0.26～0.41	1.58
PBZO 纤维	360	5.7	0.2～0.4	1.58
聚乙烯纤维	170	3.0	0.17	1.0
Vectran 纤维	65	2.9	—	1.4
Technora 纤维	70	3.0	—	1.39
尼龙纤维	6	1.0	0.1	1.14
纺织 PET 纤维	12	1.2	0.09	1.39

2.3.3 几种常用基体

聚合物的分子结构决定着树脂基体的物理性能、化学性能、力学性能、电学性能以及工艺性能。聚合物不同的分子结构，表现出的工艺性能也不同。根据加工性能来分类，基体树脂主要分为热固性树脂和热塑性树脂。常用的热固性树脂主要有环氧树脂、双马来酰亚胺树脂和酚醛树脂等，常用的热塑性树脂有聚乳酸、聚酰胺、聚醚醚酮和聚醚酰亚胺等。

1. 环氧树脂

环氧树脂是指分子中含有两个以上环氧基团的一类聚合物的总称。由于环氧基团的化学活性，可用多种含有活泼氢的化合物使其开环，固化交联生成网状结构，因此它是一种热固性树脂。环氧树脂应用最为广泛，其主要优点是黏结力强，与增强纤维表面浸润性好，固化收缩小，有较高的耐热性，固化成形方便。工业上使用最多的环氧树脂品种是缩水甘油醚类环氧树脂。

2. 酚醛树脂

固体酚醛树脂为黄色、透明、无定形块状物质，因含有游离酚而呈微红色，实体的密度为 $1.7 g/cm^3$ 左右，易溶于醇，不溶于水，对水、弱酸、弱碱溶液稳定。酚醛树脂由苯酚和甲醛在催化剂条件下缩聚，经中和、水洗而制成。因选用催化剂的不同，可分为热固性和热塑性两类。酚醛树脂具有良好的耐酸性能、力学性能、耐热性能，广泛应用于防腐蚀工程、阻燃材料、砂轮片制造等行业。

3. 聚乳酸

聚乳酸（PLA）也称为聚丙交酯，是以乳酸为主要原料聚合得到的聚合物，原料来源充分而且可以再生。聚乳酸的生产过程无污染，而且产品可以生物降解，可以实现在自然界中的循环，因此是理想的绿色高分子材料。聚乳酸的热稳定性好，加工温度为 170～230℃，有好的抗溶剂性，可用多种方式进行加工，如挤压、纺丝、双轴拉伸、注射吹塑。由聚乳酸制成的产品除能生物降解外，生物相容性、光泽度、透明性、手感和耐热性好，一些改性的聚乳酸还具有一定的抗菌性、阻燃性和抗紫外线性，因此用途十分广泛，主要用于建筑、农业和医疗卫生等领域。

4. 聚酰胺

聚酰胺俗称尼龙（PA），是大分子主链重复单元中含有酰胺基团的高聚物的总称。聚酰胺可由内酸胺开环聚合制得，也可由二元胺与二元酸缩聚等得到。聚酰胺是美国 DuPont 公司最先开发用于纤维的树脂，于1939年实现工业化。20世纪50年代开始开发和生产注塑制品，以取代金属，满足下游工业制品轻量化、降低成本的要求。聚酰胺具有良好的综合性能，包括力学性能、耐热性、耐磨损性、耐化学药品性和自润滑性，且摩擦因数低，有一定的阻燃性，易于加工，适于用玻璃纤维和其他填料填充增强改性，提高性能和扩大应用范围。PA 的品种繁多，有 PA6、PA66、PA11、PA12、PA46、PA610、PA612、PA1010 等，以及近几年开发的半芳香族尼龙（PA6T）和特种尼龙等新品种。

5. 聚醚醚酮

聚醚醚酮（PEEK）是在主链结构中含有一个酮键和两个醚键的重复单元所构成的高聚物，属特种高分子材料。PEEK 具有耐高温、耐化学腐蚀等物理化学性能，是一类半结晶高分子材料，熔点为334℃，软化点为168℃，拉伸强度为132～148MPa，可用作耐高温结构材料和电绝缘材料，可与玻璃纤维或碳纤维复合制备增强材料。由于聚醚醚酮（PEEK）具有优良的综合性能，在许多特殊领域可以替代金属、陶瓷等传统材料。该树脂的耐高温、自润滑、耐磨损和抗疲劳等特性，使之成为当今最热门的高性能工程塑料之一，主要应用于航空航天、汽车工业、电子电气和医疗器械等领域。

6. 聚醚酰亚胺

聚醚酰亚胺（PEI）是无定形聚醚酰亚胺所制造的非结晶性超级工程塑料，具有耐高温、尺寸稳定性好，以及抗化学性好、阻燃性好、电气性强、强度高、刚性高等优点。PEI 的密度为 $1.28～1.42g/cm^3$，玻璃化温度为215℃，热变形温度为198～208℃，可在160～180℃下长期使用，允许间歇最高使用温度为200℃。加入玻璃纤维、碳纤维或其他填料可达到增强改性的目的，也可和其他工程塑料组成耐热高分子合金，被广泛应用于航空和电子电气等工业部门。

部分典型热塑性基体材料的属性如表 2-3 所列。

表 2-3　部分典型热塑性基体材料的属性列表

材料 (热塑性聚合物)	拉伸模量/ GPa	拉伸强度/ MPa	熔融流动指数/ (g/10min)	熔点温度/ ℃	密度/ (g/cm³)
聚丙烯(PP)	1.5~1.75	28~39	0.47~350	134~165	0.89~0.91
聚乙烯(PE)	0.15	10~18	0.25~2.6	104~113	0.918~0.919
聚氨酯(PU)	0.028~0.72	5~28	4~49	220~230	1.15~1.25
聚酰胺(PA)	0.7~3.3	40~86	15~75	211~265	1.03~1.16
聚苯硫醚(PPS)	3.4~4.3	28~93	75	280~282	1.35~1.43
聚对苯二甲酸酯(PBT)	1.75~2.5	40~55	10	230	1.24~1.31
聚醚酮酮(PEKK)	4.4	110	30	360	1.31
聚醚醚酮(PEEK)	3.1~8.3	90~110	4~49.5	340~344	1.3~1.44
聚醚酰亚胺(PEI)	2.7~6.4	100~105	2.4~16.5	220	1.26~1.7
聚醚砜(PES)	2.4~8.62	83~126	1.36~1.58	220	1.36~1.58
聚对苯二甲酸丁二酯(PET)	2.47~3	50~57	30~35	243~250	1.3~1.33

参考文献

[1] WU J, XU X, ZHAO Z, et al. Study in performance and morphology of polyamide 12 produced by selective laser sintering technology[J]. Rapid Prototyping Journal, 2018, 24(5): 813-820.

[2] SENTHILKUMARAN K, PANDEY P M, RAO P V M. Influence of building strategies on the accuracy of parts in selective laser sintering[J]. Materials & Design, 2009, 30(8): 2946-2954.

[3] PAUL R, ANAND S. Process energy analysis and optimization in selective

laser sintering[J]. Journal of Manufacturing Systems,2012,31(4):429-437.

[4] VASQUEZ M, HAWORTH B, HOPKINSON N. Methods for quantifying the stable sintering region in laser sintered polyamide-12[J]. Polymer Engineering & Science, 2013, 53(6): 1230-1240.

[5] HOOREWEDER B V, MOENS D, BOONEN R, et al. On the difference in material structure and fatigue properties of nylon specimens produce d by injection molding and selective laser sintering[J]. Polymer Testing, 2013, 32(5): 972-981.

[6] TONTOWI A E, CHILDS T H C. Density prediction of crystalline polymer sintered parts at various powder bed temperatures[J]. Rapid Prototyping Journal, 2001,7(3):180-184.

[7] PILIPOVIĆ A, BRAJLIH T, DRSTVENŠEK I. Influence of processing parameters on tensile properties of SLS polymer product[J]. Polymers, 2018,10(11):1208.

[8] AKANDE S O, DALGARNO K, MUNGUIA J, et al. Statistical process control application to polymer based SLS process[C]. Proceedings of the 27th Annual International Solid Freeform Fabrication Symposium-An Additive Manufacturing Conference,2016: 1635-1643.

[9] 崔瑞. 工程塑料粉末激光烧结机理及工艺研究[D]. 合肥:中国科学技术大学, 2011.

[10] PILIPOVIĆ A, VALENTAN B, ŠERCER M. Influence of SLS processing parameters according to the new mathematical model on flexural properties [J]. Rapid prototyping journal, 2016, 22(2): 258-268.

[11] STARR T L, GORNET T J, USHER J S. The effect of process conditions on mechanical properties of laser-sintered nylon[J]. Rapid Prototyping Journal, 2011, 17(6): 418-423.

[12] BERRETTA S, WANG Y, DAVIES R, et al. Polymer viscosity, particle coalescence and mechanical performance in high-temperature laser sintering [J]. Journal of Materials Science, 2016,51(10):4778-4794.

[13] BERRETTA S, EVANS K E, GHITA O R. Processability of PEEK, a new polymer for High Temperature Laser Sintering (HT-LS)[J]. European Polymer Journal, 2015,68:243-266.

[14] BERRETTA S, WANG Y, GITA O R. Predicting processing parameters in High Temperature Laser Sintering (HT-LS) from powder properties[J]. Journal of materials science, 2016, 51(10):4778-4794.

[15] GHITA O, JAMES E, DAVIES R, et al. High temperature laser sintering (HT-LS): An investigation into mechanical properties and shrinkage characteristics of poly (Ether Ketone) (PEK) structures[J]. Materials & Design, 2014, 61:124-132.

[16] TEKINALP H L, KUNC V, VELEZ-GARCIA G M, et al. Highly oriented carbon fiber-polymer composites via additive manufacturing[J]. Composites Science and Technology. 2014, 105:144-50.

[17] ZHONG W, LI F, ZHANG Z, et al. Short fiber reinforced composites for fused deposition modeling[J]. Materials Science & Engineering A. 2001, 301(2):125-30.

[18] TIAN X, LIU T, YANG C, et al. Interface and performance of 3D printed continuous carbon fiber reinforced PLA composites[J]. Composites Part A: Applied Science and Manufacturing, 2016, 88:198-205.

[19] VAIDYA U K, CHAWLA K K. Processing of fibre reinforced thermoplastic composites[J]. International Materials Reviews, 2013, 53(4):185-218.

第 3 章
纤维增强热塑性复合材料激光粉末床熔融成形

3.1 引言

激光粉末床熔融成形纤维增强复合材料一般包含两个步骤：首先通过一定的方式将增强纤维与高分子基体进行混合，制备含有增强纤维的复合粉末；然后通过激光粉末床熔融成形工艺实现复合材料制件的成形。一般说来，在激光粉末床熔融成形复合材料工艺中，所用的增强纤维为短切或者粉碎纤维，包括碳纤维、玻璃纤维、矿物纤维等，基体材料包括 PA12、PA11 尼龙系材料、TPU、PEK、PEEK、PEKK 等聚芳醚酮系特种工程塑料。与其他增材制造技术相比，采用激光粉末床熔融制备的纤维增强复合材料有以下优点：

（1）成形效率与精度高。激光器具有能量汇聚的优点，且光源的运动通过振镜系统的控制，其移动速度较快（一般大于 2000mm/s），可保证成形过程具有较高的精度和效率。

（2）原材料广泛。由于激光粉末床熔融成形的原材料为粉末状，从原理上来说，任何呈粉末状的原材料都能进行成形，因此可根据使用要求，进行多功能、多层级增强复合材料的成形。

（3）制件强度高。由于结晶和半结晶高分子材料在激光粉末床熔融成形过程中发生了熔融及部分熔融流动，从而使得制件具有较高的致密度和强度。

3.2 原材料与成形系统

3.2.1 原材料

由于激光粉末床熔融成形纤维增强复合材料的诸多优点和应用前景，主要的增材制造材料和设备供应商均推出了用于激光粉末床熔融成形的专用复合粉末，如表3-1所列，从供应商提供的复合材料制件性能来看，采用纤维增强的复合材料在力学性能、耐热性等方面均有明显的提升，尤其是对于采用碳纤维增强的复合材料。

表3-1 粉末床熔融成形专用短纤维增强复合粉末

公司	商品牌号	基体材料	增强材料	拉伸强度/MPa	拉伸模量/MPa
EOS	CarbonMide	PA12	碳纤维	72	6100
ALM	HP 11-30	PA11	碳纤维（熔融共混）	56	3300
	PA 802-CF	PA11	碳纤维（物理混合）	70	6388
	PA 603-CF	PA12	碳纤维	85	7900
	PA 620-MF	PA12	矿物纤维	51	5725
	HT-23	PEKK	碳纤维（熔融共混）	80	6500
3D System	Dura Form Pro X HST	PA12	纤维	44	4123
CRP Technology	Windform LX3.0	PA12	玻璃纤维	60	6048
	Windform XT2.0	PA12	碳纤维	84	8928
华曙高科	FS3400CF	PA12	碳纤维	65~70	4700~6500
	FS3250MF	PA12	矿物纤维	51	6130

从原材料的制备方式来看，纤维增强复合粉末的制备方式主要包括机械混合、溶剂-沉降以及熔融共混-机械粉碎等多种方式。复合粉末的制备方式也在一定程度上影响了复合材料制件的性能。

1. 机械混合

机械混合是最早使用的复合粉末制备方式。根据在混合过程中是否使用溶剂作为介质，机械混合又可以分为干法混合和湿磨法混合。其中干法混合的操作更为简单，是将按照比例称量好的增强纤维与基体粉末在机械搅拌的作用下混合均匀。所用的混合设备包括V形混合机、高速混合机、二维混合机、三维混合机等。这种制备复合粉末的方式方便、快捷，便于大批量生产，是目前使用广泛的复合粉末制备方式。制备的复合粉末微观结构如图3-1所示，可以看出，增强纤维在基体粉末中可以达到宏观上的均匀分布。

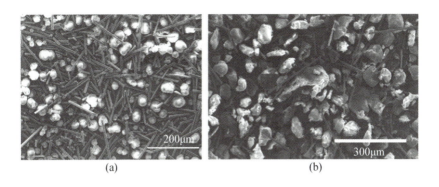

图 3-1　机械混合的碳纤维与高分子的复合粉末微观结构
(a)CF/PA12 复合粉末；(b)CF/PEEK 复合粉末。

在所用的增强纤维中，为了提高纤维与基体之间的结合性能，研究者通过热空气处理及液相氧化法对 CF 进行了处理，如图 3-2 所示，处理后的碳纤维表面杂质减少，并在强氧化作用下碳纤维表面粗糙度增加，从而在一定程度上提高了基体材料与碳纤维之间的机械咬合度；此外，还在碳纤维表面引入一些极性含氧官能团，提高基体材料与碳纤维之间的相容性。但是需要注意的是，在对碳纤维进行处理的过程中，如果有分解温度较低的官能团生成，在进行激光粉末床熔融成形时，由于激光扫描时粉末床瞬间温度较高，可能会发生热分解并产生气体挥发，从而造成制件的孔隙率较高，力学性能较差。

图 3-2　处理前后的碳纤维微观结构
(a)未处理的碳纤维；(b)处理前后的碳纤维表面形貌对比。

除了干法混合外,湿磨法也可以用于复合粉末的制备,湿磨法是在混合过程中加入溶剂,将高分子粉末与添加颗粒在湿式球磨机中进行研磨,再经干燥、筛分等后处理工序来制得用于打印的粉末材料。这种方法一般用于颗粒增强复合粉末的制备,较少用于纤维和聚合物复合粉末的制备。

2. 熔融共混-机械粉碎

利用熔融共混对高分子进行改性,将熔融共混后的复合材料进行机械粉碎以制成用于激光粉末床熔融成形的原材料,这也是研究较早的一种复合粉末制备方法。其中,熔融共混一般在双螺杆中进行,双螺杆较强的剪切作用使碳纤维与基体之间的混合更加均匀,同时具有更好的界面结合性能。但是,由于热塑性高分子材料一般具有较好的塑性,因此机械粉碎一般要在较低的温度下进行,且这种方法制备的复合粉末颗粒不规则,粉末流动性和铺粉性能均较差,可能无法形成平整密实的粉末床,从而无法进行下一步的成形。同时,在机械粉碎的过程中,增强纤维可能被粉碎,碳纤维的长度和含量均有一定的不可控性。图3-3中为Chen BL,S. Berretta等人在室温下采用冲击粉碎含有30%碳纤维质量分数的CF/PEK(Victrex HT22CA30 PEK)粒料,并经过筛网筛分之后形成的复合粉末,实验结果显示,粒径小于63μm的粉末中CF质量分数为54%,粒径位于63~75μm之间的粉末中CF质量分数为34%,而粒径位于75~90μm之间的粉末中CF质量分数为33%。

图3-3 机械粉碎的CF/PEK复合粉末

(a)粒径小于63μm;(b)粒径63~75μm;(c)粒径75~90μm。

3. 溶剂-沉降

溶剂-沉降法是将高分子基体首先溶于溶剂中,由于高分子材料在溶剂中的溶解度有限,该过程一般在高温、高压下进行,同时在溶剂中加入填料和成核剂,然后在降温、降压的作用下,使高分子发生再结晶并包覆于填料表面。采用这种方式制备的碳纤维与 PA12 的复合粉末微观结构如图 3-4 所示,从图中可以看出,碳纤维表面包覆了一层尼龙,复合粉末的形态具有一定的长径比。一般说来,这种方式制备的复合粉末基体颗粒与增强纤维制件的界面结合性能较好。但是,这种方式在制备过程中要使用大量的溶剂,生产效率较低,很难实现大批量生产,而且仅适用于部分高分子材料,对于难以溶于溶剂中的高分子材料,比如不溶于任何有机溶剂的 PAEKs 系列高分子材料很难用这种方式制备复合粉末。

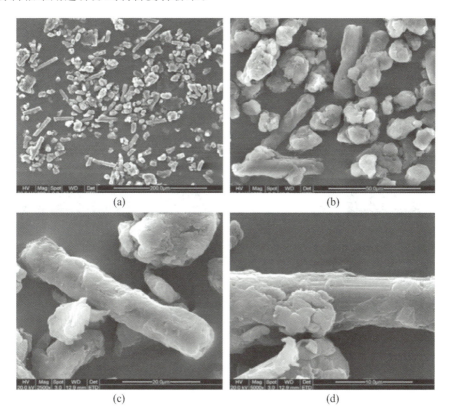

图 3-4 溶剂覆膜的 CF/PA12 复合粉末微观结构
(a)放大 300 倍;(b)放大 1200 倍;(c)放大 2500 倍;(d)放大 5000 倍。

3.2.2 纤维增强复合材料激光粉末床熔融成形设备

总体说来,含有增强纤维的复合粉末对于激光粉末床熔融成形设备的需求与纯高分子粉末的成形设备区别不大,关键在于成形温度与设备温度之间的匹配性。目前,大部分的商业激光粉末床熔融系统依然是以成形尼龙材料为主,包括 3D System、EOS 的系列产品,以及国内华曙高科等公司推出的一系列能用于尼龙材料及其复合粉末、热塑性弹性体 TPU 及其复合粉末成形的激光粉末床熔融设备。而对于 PAEK、PPS 等需要更高成形温度的设备则较少,其中,EOS 公司推出的 EOS P810(图 3-5(a))系统是目前唯一可用于 PAEK 复合粉末成形的设备,国内的华曙高科公司的 SHT252P 是目前成形温度最高的商品化激光粉末床熔融装备(图 3-5(b)),能够成形熔点在 280℃ 及以下的高分子材料,可用于 PA6 以及特种工程塑料聚苯硫醚(PPS)的成形,几种高温激光粉末床熔融成形系统的技术参数如表 3-2 所列。此外,对于含有增强纤维的复合粉末,其流动性与纯高分子粉末相比会发生一定程度的变化,可能需要对部分激光粉末床熔融设备铺粉机构进行一定的调整。在 EOS P810 系统中,就对铺粉机构进行了改进,以使用含有碳纤维的 PEKK 粉末。

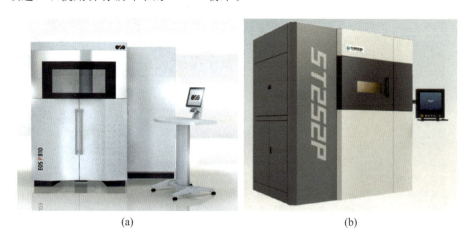

图 3-5 高温激光粉末床熔融成形设备

(a)EOS P810;(b)高温版 HT252P。

表 3-2 高温激光粉末床熔融成形设备关键技术参数

成形系统	成形腔体积/(mm×mm×mm)	激光器类型	激光器数量/个	激光功率/W	最高预热温度/℃	惰性气体类型
EOS P810	700×380×380	CO_2	2	70	385	N_2
ST252P	250×250×320	CO_2	1	100	280	无

对于纤维增强复合材料成形的激光粉末床熔融系统,温度场的控制非常关键,尤其是对于成形温度较高的 PAEK 复合粉末。这是由于增强纤维的加入会在一定程度上改变粉末材料的热行为,包括预热阶段粉末材料对红外预热灯管的吸热效率与传热过程,以及复合粉末熔融过程所需要的熔融焓。此外,降温阶段温度场控制对于制件的成形精度也尤为重要,已有的资料显示,EOS、华曙高科等公司均对设备温度场的控制尤为重视,为保证最终产品的质量和尺寸稳定,EOS P810 及 EOS P800 系统在制件激光扫描完成之后均需要较长的冷却时间(几小时至几十小时不等)。近期,华曙高科开发了舱外冷却站(图 3-6),以期在精确控制冷却速度的基础上提高成形效率,减少占用激光粉末床熔融设备成形舱的时间。

图 3-6　华曙高科舱外冷却站

3.3　成形工艺与制件性能

3.3.1　工艺预测模型

与纯高分子材料的激光粉末床熔融成形机理类似,含有增强纤维的复合粉末在激光粉末床熔融成形过程中,高分子颗粒在激光或者高能离子束的作用下发生熔融或者部分熔融,然后在黏性流动的驱动下颗粒之间发生黏结,最终在降温的过程中发生结晶及固化,在整个过程中增强纤维一般不发生物理或者化学变化。但是,由于增强纤维的存在会对复合粉末的性能产生一定的影响,因此造成含有增强纤维的复合粉末在激光粉末床熔融成形机理方面表现出不同的特征。

1. 成形工艺物理模型与原材料性能参数

由于在激光粉末床熔融成形过程中,高分子材料的物性转变、流动凝聚以及结晶固化行为均是在不同温度作用下产生的,因此大量的研究集中在粉末床温度场分布的优化上。针对成形过程中粉末床的热传递及温度场分布,常用的研究手段是单纯考虑材料的热物理参数,建立热传递的数值模型,通过仿真软件模拟激光参数的变化对烧结温度场的影响。在早期的研究中,计算模型中的激光光源一般设置为平面高斯分布的热流模型,由于忽略了激光能量在粉末床深度上的传递,从而导致计算结果局部温度过高,与实际烧结过程中的温度分布出现较大偏差。事实上,激光能量在粉末床上的分布是沿深度方面递减的,这是由于高分子粉末材料对激光的作用主要包括吸收、反射和透射三个方面(图3-7),由于粉末颗粒制件存在着大量的间隙,这有助于激光在颗粒制件的反复反射和吸收,使得粉末材料激光的吸收效率(吸收和透射)和激光的穿透深度通常都远远高于块状整体材料。

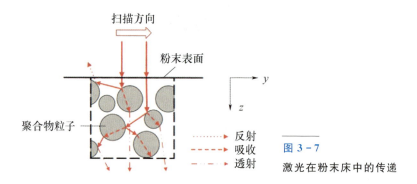

图3-7 激光在粉末床中的传递

针对粉末材料的光学特性,研究者们开展了一系列研究,结果表明,在高分子粉末中加入少量玻璃微珠时,粉末床对激光的反射率增加,而含有溴化钾的复合粉末的激光穿透深度并没有明显增加,对于所有的聚合物粉末,激光的穿透深度为100 μm左右。在此基础上,T. Laumer 和 T. Stichel 等人设计了测试激光在聚合物粉末床穿透深度的方法,并讨论了激光在不同粉床内部的穿透深度。结果表明,对于尼龙粉末,几乎所有的激光能量会在200 μm的粉床厚度内被吸收。同时,由于认识到激光在粉末颗粒间的穿透作用,研究者开始将体光源模型的思想引入到温度场计算中,Peyre在测试不同材料消光系数的基础上,提出了粉末床的体光源模型,如图3-8(a)所示,认为三维体光源模型可用于仿真中替代已有的二维平面光源模型。结合体光源模型,可建立单层扫描的激光粉末床熔融成形模型,如图3-8(b)所示。理想的热分析模型基于以下三点假设:

(1)模型中的粉末材料属性为各向同性。虽然在微观角度复合粉末颗粒有着不同的物理性质,但该宏观模型与微观颗粒有着尺度上的差异,故可视为宏观上的各向同性材料。

(2)高分子粉末床对激光的吸收效率为100%。而实际上,尼龙粉末材料及PEEK粉末对激光的吸收率均超过90%。

(3)粉末床模型的侧面和底面无热量交换。由于在实际的成形过程中,粉末床温度始终保持为恒定温度,且实际尺寸远远大于模型尺寸,故可认为模型的侧面与底面均没有发生热量交换。

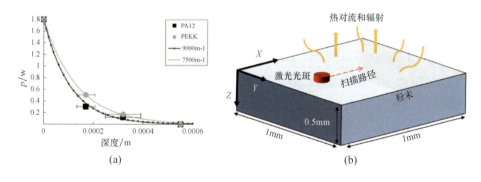

图3-8 激光穿透深度及结合体光源模型的激光粉末床熔融物理模型

(a)激光能量在粉末床上的穿透深度;(b)激光粉末床熔融物理模型。

根据该物理模型,要实现粉末床温度场的计算,需要对其中的光源模型、传热过程、材料相变分别进行讨论与分析。

(1)体光源。

激光热源是激光粉末床熔融工艺仿真中最重要的载荷,根据Patrice等人的研究结果,激光能量在PA12及PEKK粉末床中的衰减速度符合比尔兰伯

(Beer – Lambert)方程，即指数衰减规律：

$$Q(z) = Q_0 e^{-\alpha z} \tag{3-1}$$

式中：Q 为穿透的激光功率(W/m^2)；α 为消光系数(m^{-1})；Q_0 为粉床上表面的能量输入(W/m^2)；z 为深度方向(m)。

从式(3-1)可得激光能量沿着 Z 方向的分布函数为

$$Q_V(z) = Q_0 - Q_0 e^{-\alpha z} \tag{3-2}$$

因此，可通过对分布函数求导获得激光能量的概率密度函数，即

$$q_V(z) = \alpha Q_0 e^{-\alpha z} \tag{3-3}$$

实际上，Q_0 可视为上表面的平面热源模型，并且服从高斯分布：

$$Q_0(x, y) = \frac{2P_1}{\pi r^2} e^{-\frac{2(x^2+y^2)}{r^2}} \tag{3-4}$$

式中：P_1 为激光功率(W)；r 为激光光斑半径(m)。

如果用式(3-4)代替式(3-3)中的 Q_0，则得到体热源模型的数学表达式为

$$q_V(x, y, z) = \alpha \frac{2P_1}{\pi r^2} e^{-\frac{2(x^2+y^2)}{r^2}} e^{-\alpha z} \tag{3-5}$$

在光源模型中，在确定设备激光器参数的基础上，消光系数 α 是唯一的未知参数，可通过测试透过一定厚度的激光功率衰减情况来进行拟合，以求得 α 的数值。图3-9中给出了一种简易的用于测试消光系数的方案。对 CF/PA12(华曙高科 FS3400CF，下同)、PEEK(Victrex PEEK450PF)复合粉末的测试结果如图3-10所示，从图中可以看出，通过 Beer – Lambert 方程拟合，可以得出 PA12、CF/PA12 及 PEEK 的消光系数分别为 $8247m^{-1}$、$8784m^{-1}$、$11182m^{-1}$。可以发现，CF/PA12 的消光系数稍大于 PA12，说明尼龙和碳纤维两种材料对 CO_2 激光都有较好的吸收性能；同时，在所有的粉末材料中，PEEK 粉末的消光系数是最大的，意味着激光在 PEEK 粉末床中难以向下传递。

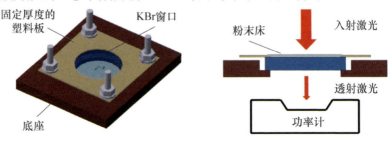

图 3-9 消光系数测试示意图

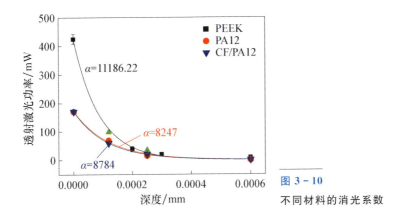

图 3-10 不同材料的消光系数

(2) 传热方程。

激光粉末床熔融成形过程中，复合粉末床在接受激光能量后温度升高，部分能量用于半结晶高分子的熔融相变，同时发生热量传递，其传热过程可利用均质、常物性材料传热过程来描述其引起的三维导热温度场，其内部的三维热传递方程为

$$\rho c \frac{\partial T}{\partial t} = q_v + \frac{\partial}{\partial x}\left(k\frac{\partial T}{\partial x}\right) + \frac{\partial}{\partial y}\left(k\frac{\partial T}{\partial y}\right) + \frac{\partial}{\partial z}\left(k\frac{\partial T}{\partial z}\right) \quad (3-6)$$

式中：ρ 为材料密度（kg/m³）；c 为材料的热容[J/(kg·K)]，其值随温度变化；T 为温度（K）；t 为时间（s）；q_v 是单位体积的热流量（W/m³）；k 为材料的导热系数[W/(m·K)]。

初始条件设定为 $t=0s$ 时，均匀的温度分布为

$$T(x, y, z, 0) = T_b \quad (3-7)$$

式中：T_b 为粉末床的预热温度（K），其具体数值根据材料的熔融温度及重结晶温度而定，一般设置为高于材料的重结晶温度，低于高分子的熔融温度。

针对边界条件，考虑粉末床上表面的对流和辐射两种热传递方式。在预热过程中，粉末床周围的环境温度也会升高，但必定低于粉床温度，导致粉床与周围空气产生对流和辐射换热。在此过程中，辐射换热带走的热量较少，主要以对流换热为主，故在进行计算时，只考虑粉末床上表面与周围环境温度的对流换热，有

$$-k\frac{\partial T}{\partial z} = h_i(T - T_e) \quad (3-8)$$

式中：h_i 为自然对流换热系数[W/(m²·K)]，相关参考中设置为 25；T_e 为

成形腔中的环境温度(K)，可根据实际成形过程中的温度进行设置。

根据粉末床的传热方程，需要确定不同粉末材料在激光粉末床熔融成形过程中的导热系数 k 和粉末床密度，但是，由于熔融状态的高分子流体的导热系数测试难度较大，因此在一些文献中，采用粉末材料在预热温度下所测得的导热系数来进行测试，表3-3给出了采用 hotdisk 原理测试的粉末材料在高温下的导热系数 k。此外，粉末床密度也是非常重要的参数，文献中设计了不同的方式以便更加准确地测试，图3-11给出了一种测量粉末床密度的方法。为尽可能贴近实际，在激光粉末床熔融设备的成形腔中测量粉床密度，将已知容积的坩埚提前置于粉床中，在烧结过程中坩埚逐渐被粉末覆盖，将多余的粉末刮除后，就可获得坩埚中的粉末质量，最后由已知质量和体积计算密度。表3-3中给出了不同材料的导热系数和粉末床密度，其中，CF/PEEK 复合粉末中的碳纤维长度为300~500μm，直径约为7μm，与 PEEK 基体粉末的混合方式为机械混合。从表中可以看出，复合粉末材料的密度与导热性均明显提高，即便如此，复合粉末的导热系数仍远低于其固体状态的导热系数[0.23~0.29W/(m·K)]，且与绝热、保温材料的导热能力相近，说明复合材料粉末的导热性能很差。当激光以较快的速度进行扫描时，即使材料熔融后的导热系数升高，液-固界面热阻也依然很大，烧结区域的热量很难在短时间内通过自上而下的热传导向低温区域传递。因此，在激光快速移动、烧结的过程中，粉末床熔融区域的形成主要依靠激光能量在粉末颗粒之间的穿透作用。

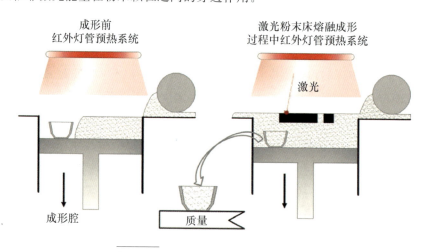

图3-11 粉末床密度测试过程示意图

表 3-3　采用 hotdisk 原理测试的粉末材料在高温下的导热系数

材料体系	导热系数 k / [W/(m·K)]	导热系数测试温度/℃	粉末床密度 ρ / (g/cm³)
PA12	0.0913 ± 0.0077	160	0.438 ± 0.006
CF/PA12	0.1860 ± 0.0105	160	0.474 ± 0.006
PEEK	0.1741 ± 0.0053	300	0.415 ± 0.003
5%CF/PEEK	0.1783 ± 0.0003	300	0.392 ± 0.012
10%CF/PEEK	0.1824 ± 0.0004	300	0.420 ± 0.005
15%CF/PEEK	0.2129 ± 0.0009	300	0.447 ± 0.002
20%CF/PEEK	0.2428 ± 0.0026	300	0.497 ± 0.014

(3) 相变潜热。

在激光扫描过程中，聚合物粉末颗粒吸收激光能量，产生熔融、流动、黏结、结晶、固化等现象，材料在短时间内经历了高温熔化到低温固化的物态转变。在此过程中，所吸收的能量一部分用于材料熔融阶段的相变潜热，而此前多数仿真计算中并未考虑这部分能量，导致理论计算的温度过高，远远超过材料的热降解点。虽然该宏观模型无法描述粉末颗粒的相变过程，但由相变产生的能量消耗可以在材料的比热变化中体现。S. Yuan 等人将材料比热的变化视为温度的函数，如图 3-12 所示，该函数包括材料的粉末态、熔融、黏流态三个阶段，表明了相变对材料比热的等效作用。这意味着可以通过设置材料物性参数计算相变潜热，从而更加准确地模拟烧结温度分布。

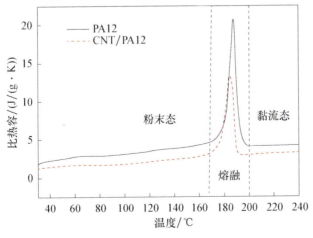

图 3-12　PA12 和 CNTs/PA12 比热随温度的变化

粉末材料的比热可通过 DSC 数据进行计算，图 3-13 中给出了 CF/PA12 和 CF/PEEK 等复合粉末的 DSC 曲线，将 DSC 数据中的热流数据除以升温速率后，便得到粉末材料的比热容随温度的变化关系如图 3-14 所示，可以看出 CF/PA12 的比热明显小于纯 PA12，对于含有 CF 的 PEEK 复合粉末，随着 CF 含量的增加，复合材料的相变潜热逐渐减少，这是由于复合粉末中的无机相在升温过程中不会发生相变、复合粉末在熔融时所需的热量较少造成的。

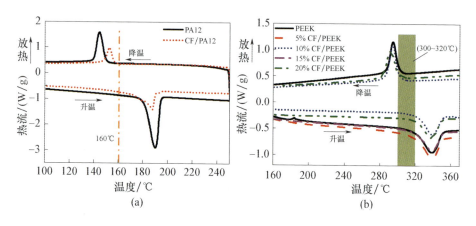

图 3-13 复合粉末的 DSC 曲线
(a)PA12 及 CF/PA12；(b)PEEK 及 CF/PEEK。

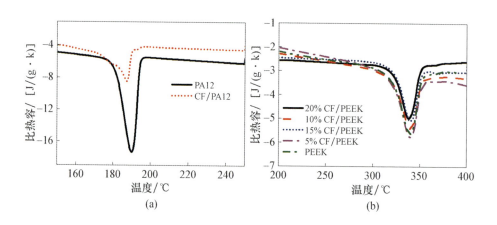

图 3-14 复合粉末的比热容随温度的变化曲线
(a)PA12 及 CF/PA12；(b)PEEK 及 CF/PEEK。

2. 复合粉末的流变性能

除了以上材料性能参数会影响到粉末床温度场的分布,从而影响到复合粉末的烧结过程以外,增强纤维的加入造成复合粉末的流变性能发生变化,也将对激光粉末床熔融成形过程产生较大的影响。这是由于对于半结晶高分子材料,一般认为其在粉末床熔融成形过程中,在激光的作用下会发生完全熔融并形成具有一定黏度的高分子熔体,熔体之间在接近零剪切力的作用下发生黏性流动,形成黏结和凝聚。根据学者 Frenkel 在 1945 年提出的黏性流动烧结机理,黏性流动烧结的驱动力为粉末颗粒的表面张力,而粉末颗粒黏度是阻碍其烧结的,并且作用于液滴表面的表面张力在单位时间内做的功与流体黏性流动造成的能量弥散速率相互平衡。由于颗粒的形态异常复杂,不可能精确地计算颗粒间的"黏结"速率,因此将此过程简化为两球形液滴对心运动来模拟粉末颗粒间的黏结过程,如图 3-15 所示,烧结颈的形成与熔体表面张力成正比,与零切黏度成反比。

$$\frac{x^2}{R} = \frac{2\varGamma}{3\eta_0} t \tag{3-9}$$

式中:x 为烧结颈的长度;R 为粉末直径;$\varGamma$ 为熔体的表面张力;η_0 为熔体的零切黏度。

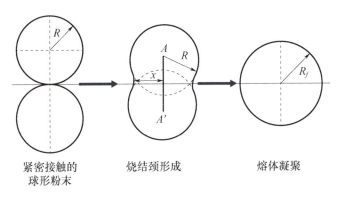

紧密接触的　　烧结颈形成　　熔体凝聚
球形粉末

图 3-15　Frenkel 两球黏结模型

对 PA12 的流变性能的研究表明,当温度大于熔融温度时,PA12 的熔体黏度显著下降,具有较好的流动性,其零切黏度基本在 $10^4 \mathrm{Pa \cdot s}$ 以下。对于 PEEK 及 CF/PEEK,其流动性能则明显差于 PA12。此外,CF 的加入还将大幅增加复合粉末的零切黏度,造成熔体流动性能的急剧下降,如图 3-16 所示。从图中可以看出,PEEK 及其复合材料的熔体零切黏度基本在 10^4 Pa·s 以上,比 PA12 的熔体零切黏度要高 1~2 个量级,其中,PEEK 的熔体零切黏度基本在 10^5 Pa·s 以下,随着 CF 含量的增加,复合材料熔体的零切黏度逐渐上升,要达到较低的零切黏度所需要的温度也随之升高。其中,对于含有 15% 质量分数和 20% 质量分数 CF 的 PEEK 复合粉末,要获得低于 10^5 Pa·s 的熔体黏度,熔融温度必须达到 360℃以上。

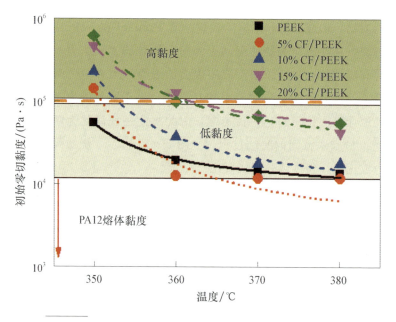

图 3-16　PEEK 及 CF/PEEK 在不同温度下的初始零切黏度

3. 粉末床温度场计算

在完成粉末材料相关性能测试的基础上,激光粉末床熔融温度场计算模型中的所有参数已经确定,在此基础上,即可实现对粉末床温度场的计算。图 3-17 为固定激光功率为 10W,扫描速度为 3500mm/s 时,PA12、CF/PA12 的粉末床温度分布。从图中可以看出,所有的等温线轮廓都近似为高斯分布曲线,且表现出明显的差异。其中,CF/PA12 的粉末床温度要明显高于 PA12,尤其是在 XY 平面内,这是由于 CF/PA12 不仅具有较小的相变潜热,而且具有较大的消光系数,从而激光能量被消耗在较小的厚度内,故含有 CF 的复合粉末床具有最高的温度;而且 CF 的存在还大幅提高了复合粉末的导热性能,故多余的热量被传递到未烧结区域。

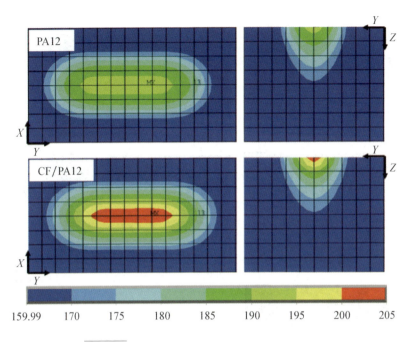

图 3-17 PA12 及 CF/PA12 的粉末床温度分布

图 3-18 给出了在固定激光扫描速度为 3000mm/s，激光功率为 10.9W，预热温度统一设置为 320℃ 时，PEEK、CF/PEEK 复合粉末的温度场分布及粉末床最高温度。从图中可以看出，不同于 CF/PA12 的粉末床温度明显高于 PA12，含有 CF 的 PEEK 复合材料粉末床温度分布与 PEEK 材料的区别很小，这可能是由于 CF/PEEK 复合粉末中 CF 的含量较少，对粉末材料的相变潜热影响较小（粉末材料的消光系数如表 3-4 所列），故含有 CF 的复合粉末床温度相比于纯 PEEK 无明显升高。同时，由于 CF 的加入提高了复合粉末的导热系数，从而热量被及时地传递至激光扫描区域周围，故在相同的工艺条件下，含有碳纤维的 PEEK 复合粉末床温度场分布与 PEEK 相差不大。

表 3-4 PEEK 及 CF/PEEK 复合粉末的相变潜热

材料	PA12	CF/PA12	PEEK	5% CF/PEEK	10% CF/PEEK	15% CF/PEEK	20% CF/PEEK
相变潜热/(J/g)	99.21	52.97	48.86	44.33	40.70	42.44	41.86

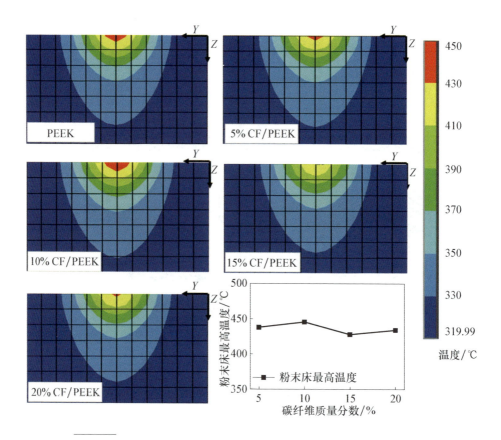

图 3-18　PEEK、CF/PEEK 复合粉末的温度场分布及粉末床最高温度

需要注意的是，由于 CF 材料的加入，复合粉末床对红外预热灯管的吸收率大幅提升，预热效率得到明显提高，同时也造成在较高的预热温度下，CF/PEEK 粉末床易于发生结块，因此必须适当降低温度。而预热温度的降低将会大大减少设备在长时间高温环境下工作的损耗，有利于设备的长时间使用及完成较大尺寸制件的打印。但是，预热温度的改变相当于改变了粉末床温度场计算时的边界温度，其对于粉末床温度场分布必然会产生影响。图 3-19 中给出了不同的预热温度及材料的粉末床最高温度随激光功率增加而变化的情况，从图中可以看出，由于预热温度的降低，粉末床的热量输入明显降低，必须适量增加激光功率才能有足够的能量将高分子材料充分熔融。当预热温度均为 320℃ 时，由于复合粉末的熔融焓较小，含有碳纤维的复合粉末床最高温度稍高于 PEEK；当将 CF/PEEK 的预热温度降低至 305℃ 时，由于预热提供的热量减少，在相同的激光功率下，其粉末床的最高温度要比预热温度为 320℃ 时低 13.7℃ 左

右，故当预热温度降低时，必须适当提高激光功率，以将高分子材料充分熔融。

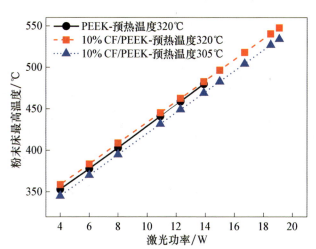

图 3-19　PEEK 和 CF/PEEK 粉末床最高温度随激光功率的变化

4. 粉末床有效熔融区域计算

在得到粉末床温度场的基础上，还需要对该条件下形成的熔融区域进行划分，以与成形工艺中的激光功率、分层厚度等参数进行对应，从而对成形工艺参数起到理论指导作用，有效缩小工艺实验的范围，提高工艺优化实验的效率，还可以对复合材料的增强改性提供材料性能方面的指导。

1) 低零切黏度材料体系有效熔融区域计算

对于具有较低熔体黏度的 PA12 及其复合粉末，当粉末床温度大于熔融温度时，材料发生熔融并伴随着熔融黏度的明显降低，在粉末床上形成一定的熔融深度和宽度，故在温度场计算结果中，通过提取熔融温度以上的区域来获得有效熔融区域。通过分析 DSC 曲线可知，PA12 和 CF/PA12 的起始熔融温度分别为 180℃ 和 177℃。当激光功率为 10W，扫描速度为 3500mm/s 时，激光扫描路径横截面内的熔融区域如图 3-20 所示。从图中可以看出，两种材料的熔融深度表现出明显的差异，其中，含有 CF 的复合粉末具有较大的熔融宽度，这是由于含有 CF 的复合粉末，具有最大的消光系数，激光能量在向下传递的过程中，耗散速度较快，故熔融深度相对较小。但是，由于含有 CF 的复合粉末的导热性较好，热量更易于向扫描平面上传递，从而获得较大的熔融宽度，如表 3-5 所列。有效熔融区域可以用于预测实验所需的激光功率、分层厚度和扫描间距,图 3-21 给出了有效熔融区域随着激光功率的增大而变化的趋势。从图中可以看出,有效熔融深度要达到 150 μm 以上,PA12 和 CF/PA12 所需的激光功率必须分别大于 18W 和 13W。

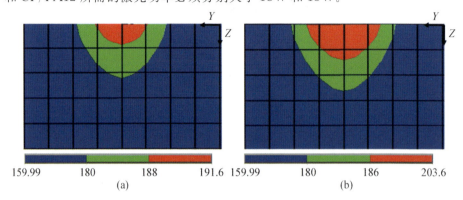

图 3-20 PA12 及其复合粉末的熔融区域
(a)PA12;(b)CF/PA12。

表 3-5 熔融区域大小比较

材料体系	熔融宽度/μm	熔融深度/μm
PA12	175	110
CF/PA12(40%质量分数)	215	130

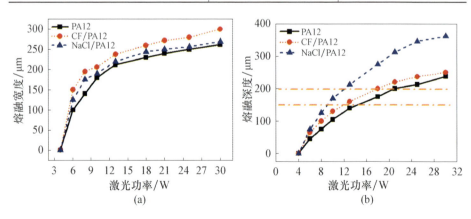

图 3-21 PA12 及其复合粉末熔融深度和宽度与激光功率的关系
(a)熔融宽度;(b)熔融深度。

2)高熔体黏度材料体系熔融区域计算

根据聚合物粉末床温度场的计算结果可以发现,由于激光能量呈高斯分布，在激光扫描区域，粉末床温度分布也呈现出一定的梯度。在激光扫描的中心位置，温度最高，由于激光能量的传递以及粉末床的热传递效应，温度分布从中心开始逐渐降低。对于熔体黏度较高的材料体系，熔融温度以上的区域可能存在低零切黏度区域和高零切黏度区域，根据高分子粉末烧结动态，熔体黏度是其熔体凝聚的阻力，高零切黏度区域在成形过程中，由于粉末颗粒凝聚速度较慢，很难形成致密结构，故对于高熔体黏度的材料体系，将熔融区域作为有效熔融区域已经不合适。因此，针对熔体黏度较高的 CF/PEEK 复合粉末，将其熔点以上的区域划分为高零切黏度区域与低零切黏度区域，如图 3-22 所示，低零切黏度区域对应较快的熔体凝聚速度，在激光粉末床熔融成形过程中可形成致密结构，高零切黏度区域则对应较慢的熔体凝聚速度，在激光粉末床熔融成形过程中易于形成较为疏松的多孔结构。

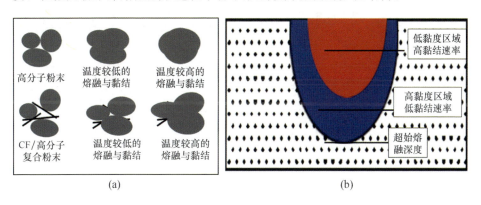

图 3-22 不同零切黏度的材料体系在激光粉末床熔融过程中烧结行为示意图
(a) XY 平面；(b) Z 平面。

为了制备具有较高强度的 CF/PEEK 复合材料，在激光粉末床熔融成形过程中必须尽量减少孔隙结构。对 PEEK 的工艺研究发现，对于纯 PEEK 材料，采用激光粉末床熔融工艺可以形成致密度大于 95% 的微观结构。根据零切黏度的测试结果，PEEK 熔体的零切黏度基本在 10^5 Pa·s 以下，故可将 10^5 Pa·s 作为高零切黏度区域与低零切黏度区域的分界，图 3-23 中分别以 PEEK 与质量分数为 10% 的 CF/PEEK 复合粉末为例，在粉末床温度场的基础上进行了有效熔融区域的计算。其中，由于在熔融温度以上，PEEK 的熔体黏度均在 10^5 Pa·s 以下，因此有效熔融区域以熔融温度(330℃)为起点进行计算，如图 3-23(b)所示。根据计算结果，对于 PEEK 材料，在预热温度为 320℃、激光功率为 10.9W、扫描速度为

3000mm/s 时,有效熔融深度与宽度分别为 225μm 和 285μm。而对于质量分数为 10% CF/PEEK 复合粉末,由于 CF 的加入,复合粉末的熔体黏度明显高于纯 PEEK,要达到零切黏度低于 10^5 Pa·s 的熔体,复合粉末温度必须高于 353℃,故以该温度作为边界进行低零切黏度的提取,如图 3-23(d)中所示,其中红色区域为高烧结速率区域,定义为有效熔融区域,绿色区域为以熔点以上的区域,从图中可以看出,有效熔融区域要明显小于熔融区域。根据计算结果,当预热温度为 305℃、激光功率为 10.9W、激光扫描速度为 3000mm/s 时,10%CF/PEEK 的熔融深度与有效熔融深度分别为 162μm 和 88μm,而熔融宽度与有效熔融宽度则分别为 255μm 和 200μm。由于有效熔融深度低于激光粉末床熔融中通常采用的分层厚度,因此在进行工艺实验时,必须提高激光功率。

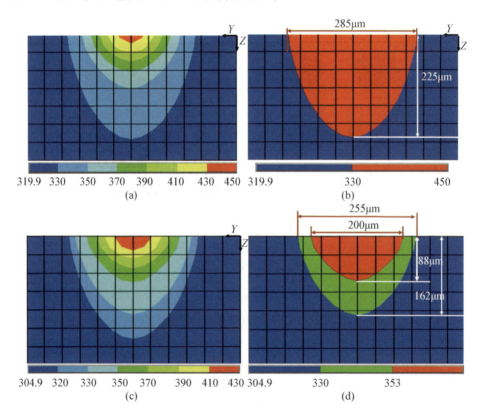

图 3-23 基于零切黏度有效熔融区域的提取与计算过程

(a) PEEK 粉末床温度场;(b) PEEK 粉末床有效熔融区域;
(c) 10%CF/PEEK 粉末床温度场;(d) 10%CF/PEEK 粉末床有效熔融区域。

保持激光扫描速度为 3000mm/s，对于 PEEK 及 CF 质量分数为 10%的 CF/PEEK，熔融区域及有效熔融区域均随着激光功率的增加而逐渐增加，如图 3-24 所示。由于 CF/PEEK 的预热温度低于 PEEK 粉末，故在相同的激光功率下，含有 CF 的复合粉末床熔融深度和宽度要低于 PEEK 粉末床。对于 PEEK 材料，激光功率大于 9W 后，熔融深度大于 200 μm；对于 10% CF/PEEK 复合粉末，激光功率大于 16.7W 后，熔融深度开始大于 200 μm，但是在计算范围内，其有效熔融深度始终低于 200 μm，当激光功率大于 12.3W 时，有效熔融深度开始达到 100 μm，基本达到激光粉末床熔融工艺适合的分层厚度。与熔融深度和有效熔融深度不同，在计算范围内熔融宽度和有效熔融宽度数值均较大，而扫描间距的选择一般小于激光光斑半径(150 μm)，故按照小于激光光斑半径进行扫描间距的设置均可实现两个扫描单线之间的良好黏结。因此，在工艺参数设置时，应重点关注有效熔融深度与分层厚度之间的匹配。

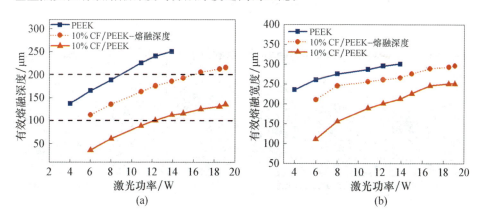

图 3-24 PEEK 及 10%CF/PEEK 有效熔融区域与激光功率的关系
（激光扫描速度为 3000mm/s，PEEK 与 10%CF/PEEK 的预热温度分别为 320℃和 305℃）
(a)有效熔融深度；(b)有效熔融宽度。

根据对 10% CF/PEEK 复合粉末床熔融深度与有效熔融深度的计算结果，选择较高的激光功率，计算了激光功率为 18.5W 时，不同碳纤维含量的复合粉末有效熔融区域，如图 3-25 所示。从图中可以看到，在该条件下，不同碳纤维含量的复合粉末的熔融区域大小基本相同，熔融深度在 200 μm 左右，熔融宽度在 180 μm 左右。但是由于零切黏度随着 CF 的含量而增加，形成低零切黏度所需要的温度也在不断增加，因此有效熔融区域表现出明显的不同。对于含有质量分数 5%和 10% CF 的 PEEK 复合粉末，当前工艺条件下的有效熔融深度为

135μm，而对于含有质量分数15%和20% CF的复合粉末，当前工艺条件下的有效熔融深度仅为110μm。粉末床最高温度均已经达到500℃左右，这已经非常接近PEEK的热降解温度。同时，考虑到激光扫描的瞬时温度可能要高于计算温度，说明激光功率已不适于进一步增大，所以对于CF含量较高的复合材料，可能无法通过现有的激光粉末床熔融成形系统实现致密结构的成形。

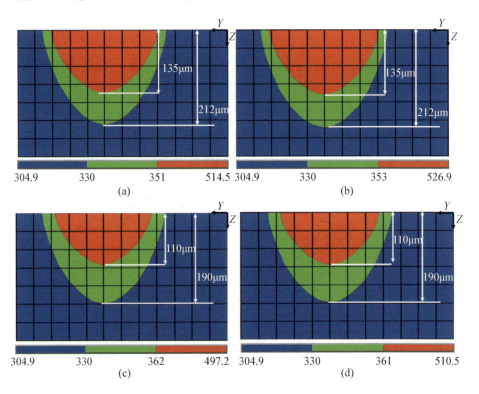

图3-25 不同碳纤维含量的CF/PEEK有效热熔融区域计算

（激光功率为18.5W、扫描速度为3000mm/s、预热温度为305℃）

(a)5% CF/PEEK；(b)10% CF/PEEK；(c)15% CF/PEEK；(d)20% CF/PEEK。

根据对含有增强纤维复合粉末温度场和熔融区域的计算发现，由于增强纤维的存在，激光在复合粉末中的能量传递和热量传导与单一高分子粉末有所不同，因此含有不同组分的复合粉末会形成不同的熔融深度和宽度。对于含有CF的复合粉末，由于CF的存在不仅减少了材料的相变潜热，而且增加了复合粉末的导热性，因此形成了较大的熔融宽度。同时，对于熔体黏度较高的PEEK材料，CF的加入大幅提高了熔体的零切黏度，从而对粉末床有效熔融区域的形成具有明显的影响。随着 CF 含量的增加，复合材料的熔体黏度明显上升，要达到可形成致密结构的低零切黏度所需要的温度逐渐升高，从而造成有效热影响区域逐渐减小，成形该种材料适合的分层厚度较小。当 CF 含量较高时，由于材料体系的熔体黏度较高，因此即便采用很小的分层厚度，可能也很难成形致密的微观结构。

3.3.2 工艺参数对制件力学性能的影响

1. 工艺实验方案

激光粉末床熔融成形工艺实验中牵涉的工艺参数较多，包括激光功率、激光扫描速度、激光间距、分层厚度、预热温度等。为了减少工艺量，可在有效熔融区域的计算结果上，仅选择关键的工艺参数，如激光功率和分层厚度，进行工艺实验，如表 3-6 所列，激光扫描间距则根据所用的激光光斑大小来确定。本节实验中，所采用的激光光斑为 0.3mm，激光扫描间距固定为 0.12mm。

表 3-6 成形工艺参数规划

材料体系	扫描速度/(mm/s)	分层厚度/mm	预热温度/℃	激光功率/W
PA12	3500	0.1~0.15	160	13、16、18、21
CF/PA12		0.1~0.15		13、16、18、21
PEEK	3000	0.1~0.2	320	8、9.3、10.9、12.3、14
CF/PEEK		0.1~0.2	305	13.9、15、16.7、18.5、19

2. CF/PA12 复合材料的力学性能

在进行工艺实验时，可先通过增大激光功率来提高熔融区域尺寸，使熔融深度大于分层厚度，进而使复合粉末达到充分熔融获得致密的微观结构和较好的力学性能，其次尝试最大程度地减小分层厚度，以获得更好的层间结合，进一步提高烧结致密度，以获得最高力学性能。图 3-26 是当分层厚度固定为 0.15mm 时，CF/PA12 复合材料拉伸性能随激光功率的变化关系，同时制备了纯 PA12 制件作为对比对象来评估碳纤维的增强效果。从图中可以看出，在实验的工艺参数范围内，随着激光功率的增加，PA12 及 CF/PA12 复合材料的拉伸强度及模量均呈现先增大后变小的趋势，在激光功率为18W时，PA12及CF/PA12复合材料的拉伸强度与模量达到最大值。根据仿真计算的结果，该条件下PA12和CF/PA12复合材料的有效熔融深度分别达到了175μm和200μm，已大于分层厚度。其中，PA12制件的拉伸强度与模量达到41.7MPa和1577MPa，CF/PA12复合材料的拉伸强度和模量则分别达到57.8MPa和5865MPa，比PA12制件的拉伸强度和模量分别提高了38%和265%。当激光功率大于18W时，制件的拉伸强度及模量均有所下降，这可能是由于激光功率过大造成粉末床瞬间温度过高，材料发生降解造成的。根据粉末床温度场的计算结果，在该条件下粉末床最高温度已达到250℃，虽然尚未达到PA12的热降解温度，但是由于激光的特点，粉末床瞬间温度较高，可能会造成PA12发生部分热降解，所以对于PA12和CF/PA12复合材料，其最佳成形激光功率在18W左右。

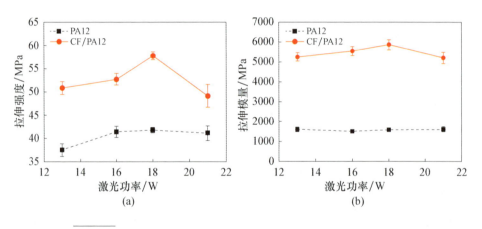

图3-26 激光功率对PA12及CF/PA12复合材料拉伸性能的影响
(a)拉伸强度；(b)拉伸模量。

激光功率对PA12和CF/PA12复合材料弯曲性能的影响如图3-27所示，与拉伸强度不同，弯曲强度随着激光功率的增大表现出持续地增高，这可能是因为弯曲测试涉及材料的层间剪切作用，增大能量密度使得层间结合不断提升，部分抵消了材料的高温分解带来的不利因素。当激光功率为21W时，PA12的弯曲强度和弯曲模量分别为53.7MPa和1228MPa，CF/PA12复合材料的弯曲强度和弯曲模量分别达到108.3MPa和5894.8MPa，相比于纯PA12制件，分别提高了102%和380%。

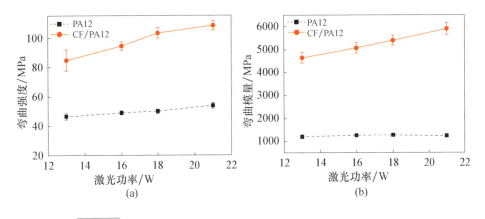

图 3-27　激光功率对 PA12 及 CF/PA12 复合材料弯曲性能的影响
（a）弯曲强度；（b）弯曲模量。

通过 SEM 的观察可以看到 CF/PA12 复合材料内部微观结构，如图 3-28 所示，可以看出，随着激光功率的增加，分层现象逐渐消失，复合材料内部孔隙率逐渐降低。

图 3-28　不同激光功率下成形 CF/PA12 复合材料内部的微观结构
（分层厚度 0.15mm）
（a）13W；（b）16W；（c）18W；（d）21W。

但是在分层厚度为 0.15mm 时，较大的激光功率仍然不能消除复合材料制件内部大量的孔隙结构。所以，为了进一步减小孔隙、增加复合材料力学性能，可能需要进一步降低分层厚度。

理论上，当激光能量合适时，分层厚度减小，激光扫描当前层时对上一层的重融深度增加，层间结合更加致密，材料的力学性能能得到进一步提高，而增加分层厚度，则可以大幅提高激光粉末床熔融的成形效率。故为了尽可能地提高成形效率，可通过匹配熔融深度与分层厚度，兼顾成形效率优选较大的激光功率及分层厚度。在降低分层厚度时，需要综合考虑设备运动精度的限制和成形效率，此外，分层厚度不能小于粉末颗粒的直径。激光粉末床熔融成形中，典型的分层厚度一般在 0.1~0.2mm 之间。为尽可能制备致密结构工程塑料及其复合材料制件，在确定激光功率后，对于 CF/PA12 复合材料，分层厚度在 0.15mm 时，制件内部尚存在相当多的孔隙结构，所以需要进一步减小分层厚度，分别制备了分层厚度依次为 0.1mm、0.125mm、0.15mm 的复合材料。对于 PA12 粉末材料，由于在分层厚度为 0.15mm 时，制件的力学性能已非常接近其注塑件，所以为提高成形效率，增大分层厚度至 0.2mm，同时制备了分层厚度为 0.1mm 的制件作为对比，实验结果如图 3-29 所示。从图中可以看出，对于 CF/PA12 复合粉末，分层厚度为 0.125mm 的样件获得了最高的拉伸强度。分层厚度为 0.1mm 的样件力学性能要低于分层厚度为 0.15mm 时的样件，造成这种现象的主要原因是当最小分层的制件发生微小的翘曲变形时，易与铺粉滚筒的运动发生干涉，已烧结试样产生的微小移动会导致错层现象，最终影响力学性能，如图 3-29(b) 所示。对于 PA12 材料，分层厚度为 0.15mm 的样件与分层厚度为 0.1mm 的样件力学性能基本相同，分层厚度为 0.2mm 的制件力学性能要明显低于较低分层厚度时的制件，根据仿真计算的结果，该条件下的有效熔融深度为 175μm，要低于分层厚度为 0.2mm 样件的有效熔融深度。

分层厚度对制件弯曲性能的影响与拉伸性能类似，如图 3-30 所示。对于 CF/PA12 复合材料，分层厚度为 0.125mm 时，复合材料的弯曲强度与模量达到最大值，分别为 118.1MPa 和 6016.2MPa，其值远高于纯 PA12 的成形制件；对于 PA12，由于其制件成形精度较好，不易发生翘曲与变形，制件强度随分层厚度的下降持续增加，在分层厚度为 0.1mm 时，制件的弯曲强度达到最大值 58.9MPa，稍高于分层厚度为 0.15mm 时的 53.7MPa，而弯曲模量在分层厚度为 0.1mm 和 0.15mm 时基本保持不变，分别为 1138MPa 和 1255MPa。综合考虑制件力学性能与成形效率，对于 PA12 材料，选用 0.15mm 分层厚度是比较合适的，即计算熔融深度比实际设定分层厚度大 25μm 时，可以达到足够的层间结合；而对于 CF/PA12 复合粉末，计算熔融深度需要超过分层厚度 75μm 才可以制备具有较好力学性能的制件，造成这种现象的原因应该是由于大量碳纤维的加入提高了材料熔体黏度，从而造成 PA12 熔体无法在相邻两层间进行流动以达到良好的层间结合。故在含有 CF 的复合粉末中，虽然 CF 的加入提高了复合粉末的导热性，促进热量更好地向粉末床底部传递，但是由于熔体流动的下降，往往需要较小的分层厚度。图 3-31 给出了不同分层厚度的 CF/PA12 制件断面的微观结构，从图中可以看出，分层厚度为 0.15mm 时，制件断面虽然没有出现明显的分层现象，但是制件的孔隙率较多，大量的碳纤维与基体材料没有形成有效界面，而降低分层厚度后，孔隙率明显降低，碳纤维与基体形成有效的界面，所以碳纤维可以对基体材料起到明显的增强作用。

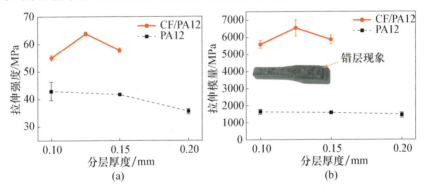

图 3-29　分层厚度对 PA12 及 CF/PA12 复合材料拉伸性能的影响
(a)拉伸强度；(b)拉伸模量。

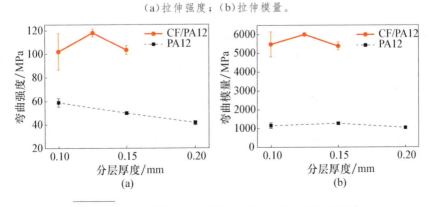

图 3-30　分层厚度对 PA12 和 CF/PA12 弯曲性能的影响
(a)弯曲强度；(b)弯曲模量。

图 3-31 给出了 CF/PA12 复合材料的微观结构，可以看出，随着分层厚度的降低，复合材料内部的孔隙结构大幅减少，碳纤维与基体之间形成了有效的界面结合，在拉伸断面中可以观察到带有树脂的纤维拔出，碳纤维可以对基体材料起到明显的增强作用。CF/PA12 复合材料的 Micro-CT 扫描分析也呈现与 SEM 观测结果类似的规律，如图 3-32 所示。当分层厚度从 0.15mm 降低至 0.125mm 时，材料的孔隙率从 23.25% 降低至 12.96%，当分层厚度进一步降低至 0.1mm 时，由于分层厚度较小，铺粉滚筒的运动可能与制件的微小翘曲发生干涉，已烧结试样产生的微小移动导致错层现象，从而使制件的孔隙率上升至 17.75%。然而，在分层厚度为 0.125mm 时，仍可观察到断面有部分孔隙结构，这有可能是由于碳纤维含量较多，造成复合材料体系熔体黏度过大，加之在激光粉末床熔融成形过程中无剪切力的作用，导致不能形成完全致密的结构。

图 3-31 不同分层厚度的 CF/PA12 断面微观结构
（激光功率为 18W，扫描速度为 3500mm/s）
(a) 分层厚度 0.15mm；(b) 分层厚度 0.125mm。

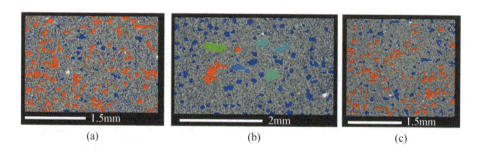

图 3-32 不同分层厚度的 CF/PA12 断面 CT 扫描结果
（激光功率为 18W，扫描速度为 3500mm/s）
(a) 0.15mm；(b) 0.125mm；(c) 0.1mm。

3. CF/PEEK 复合材料力学性能

PEEK 及 CF/PEEK 复合材料的工艺实验结果如图 3-33 所示。首先，在分层厚度固定为 0.15mm 时，增加激光功率以形成较大的有效熔融深度。从图中可以看出，随着激光功率的增加，PEEK 及 CF/PEEK 的拉伸强度都呈现先上升后下降的趋势，存在一个最佳的激光功率。对于 PEEK 材料，最佳激光功率为 10.9W，在该条件下，PEEK 制件的拉伸强度达到 90.2MPa，非常接近其注塑件的拉伸强度（100MPa）。但是对于 CF/PEEK 复合粉末，制件的拉伸强度始终低于 PEEK 制件，CF 对 PEEK 的增强效果只体现在较高的拉伸模量上，在激光功率为 18.5W 时，复合材料的拉伸强度达到最大，激光功率进一步升高至 19W 时，拉伸强度明显下降。根据仿真计算的结果，此时粉末床的最高温度已经达到 534℃，非常接近 PEEK 材料的热降解温度，部分 PEEK 材料开始发生热降解，造成其拉伸强度有所下降。造成这种现象的原因是对于 10% CF/PEEK 复合材料，在最佳激光功率为 18.5W 时，虽然熔融温度以上的区域较大，其深度已经达到 210μm，大于分层厚度 0.15mm，但是由于其熔体黏度较大，熔体无法通过流动来实现相邻两层的黏结。根据计算，在该条件下低黏度区域的有效的熔融深度只有 135μm，小于分层厚度 0.15mm，所以在当前的分层厚度情况下，很难获得致密的微观结构，较大的孔隙率造成制件的拉伸性能较差。

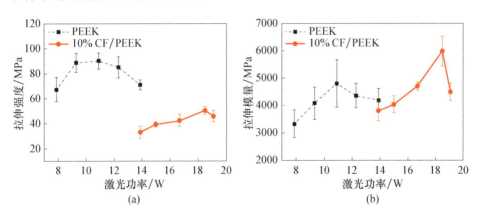

图 3-33　固定分层厚度为 0.15mm 时激光功率对 PEEK 及 CF/PEEK 拉伸性能的影响
(a)拉伸强度；(b)拉伸模量。

PEEK 及 CF/PEEK 弯曲强度随激光功率的变化如图 3-34 所示。与拉伸强度不同，在三点弯曲实验中，试样的弯曲变形受到压应力与拉应力的综合作用。对于含有孔隙结构缺陷的复合材料，孔隙结构在受到拉应力时将迅速扩展，而孔隙结构缺陷则对压应力不敏感，孔隙结构在拉应力的作用下被消除，所以弯曲强度随着激光功率的增加持续增加。在工艺实验范围内，弯曲强度从 113MPa 增加到 142MPa。CF/PEEK 复合材料的弯曲强度要低于 PEEK 的最大弯曲强度，CF 对 PEEK 基体在弯曲强度的增加方面并没用明显体现。同时，由于碳纤维作为刚度较大的增强材料，其对于 PEEK 材料在弯曲模量上的提升是非常明显的，在实验范围内，CF/PEEK 复合材料的弯曲模量均保持在 4000MPa 以上。

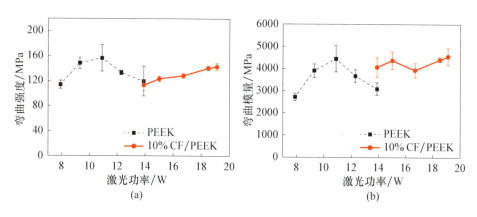

图 3-34　固定分层厚度为 0.15mm 时激光功率对 PEEK 及 CF/PEEK 弯曲性能的影响
（a）弯曲强度；（b）弯曲模量。

为了制备更高致密度的 CF/PEEK 复合材料，在确定最佳激光功率的条件下固定激光功率（CF/PEEK 固定激光功率为 18.5W，PEEK 材料固定激光功率为 10.9W），分别设置分层厚度为 0.1mm、0.15mm 及 0.2mm 进行了样件的激光粉末床熔融成形。不同分层厚度下制备的 PEEK 及 CF/PEEK 复合材料拉伸性能如图 3-35 所示。从图中可以看出，对于 PEEK 材料，拉伸强度及模量对于该范围内分层厚度的变化不敏感，这是因为根据仿真计算结果，在当前工艺条件下，PEEK 的有效熔融深度达到 225μm，已经大于最大分层厚度 0.2mm。与之形成鲜明对比的是 CF/PEEK 复合粉末，分层厚度为 0.1mm 时的制件拉伸强度是分层厚度为 0.15mm 时的 2 倍左右，这说明在 0.1mm 分层厚度情况下，制件形成了较为致密的结构，碳纤维与 PEEK 基体之间的界面结合良好，从而在受力时可以对 PEEK 基体起到良好的增强作用。

此时，复合材料拉伸强度达到 108.5MPa，明显高于 PEEK 材料的注塑件强度，拉伸模量为 7364MPa，相比于纯 PEEK 制件，模量提高了 85%。

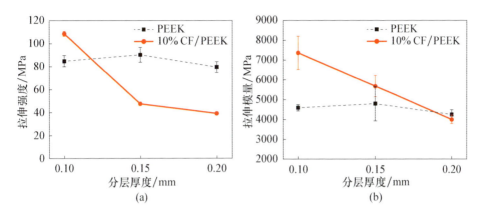

图 3-35 分层厚度对 PEEK 及 CF/PEEK 拉伸性能的影响
（PEEK 和 CF/PEEK 固定激光功率分别为 10.9W 和 18.5W）
(a)拉伸强度；(b)拉伸模量。

采用不同分层厚度制备的 PEEK 及 CF/PEEK 复合材料制件的拉伸断面形貌如图 3-36 所示。从图中可以看出，在当前的激光功率条件下，对于 PEEK 材料，当分层厚度为 0.2mm 时，可观察到分层现象，但是无明显的层间孔隙产生。根据 CT 扫描的计算结果显示，此时制件内部的孔隙率为 0.25%。当分层厚度为 0.15mm 及 0.1mm 时，制件的分层现象开始不明显，表现为较高的致密度，制件的孔隙率分别为 0.09% 和 0.01%，其拉伸断面的 CT 扫描结果如图 3-37(a)~(c)所示。而对于 CF/PEEK 复合材料，当分层厚度为 0.2mm 时，制件内部结构松散且具有大量孔隙，其孔隙率达到 37.85%；当分层厚度为 0.15mm 时，孔隙出现在两层之间，层内结构的孔隙大量减少，孔隙率降低至 34.67%，但仍有孔隙出现在层间结合处，裸露的碳纤维表面光滑，说明其未与 PEEK 基体形成有效界面结合，碳纤维对 PEEK 基体无法起到增强作用；当分层厚度进一步降低至 0.1mm 时，层间孔隙消失，制件内部呈现较为致密的结构，其孔隙率降低至 1.02%，拉伸断面微观结构致密，出现大量纤维拔出孔，拉断的碳纤维表面被树脂包裹，说明此时碳纤维与 PEEK 基体形成了有效的界面结合，在拉伸应力作用下，碳纤维可以起到承载作用，此时碳纤维可以对基体材料起到明显的增强效果。根据仿真计算结果，在该工艺条件下，PEEK 及 CF/PEEK 的粉末床熔点以上深度稍大于 200μm，但是由于含有 CF 的 PEEK 复合粉末具有较高的熔体黏度，其低黏度区域的深度仅为 135μm，故当分层厚度设置为 0.15mm 及 0.2mm 时，虽然粉末材料已经发生熔融，但是由于其熔体黏度较高，层间无法形成致密结构，依然会产生较多的层间孔隙，从而造成层间结合松散。因此对于含有碳纤维的 PEEK 复合粉末，要制备具有较高致密度的高强度复合材料，必须采用较小的分层厚度。

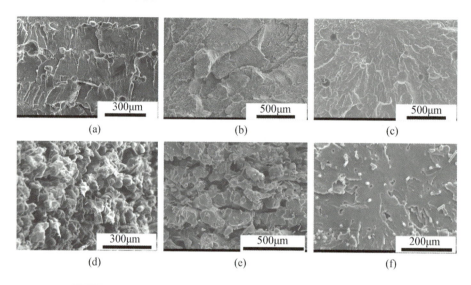

图 3-36　PEEK 及 CF/PEEK 在不同分层厚度时制件的微观结构
(PEEK 和 CF/PEEK 固定激光功率分别为 10.9W 和 18.5W)
(a)PEEK-0.2mm；(b)PEEK-0.15mm；(c)PEEK-0.1mm；
(d)10%CF/PEEK-0.2mm；
(e)10%CF/PEEK-0.15mm；(f)10%CF/PEEK-0.1mm。

PEEK 及 CF/PEEK 制件的弯曲性能随分层厚度的变化如图 3-38 所示，与拉伸性能的规律类似：当分层厚度为 0.15mm 时，CF/PEEK 复合材料的弯曲强度较低，CF 的增强作用仅体现在模量上，弯曲强度随分层厚度的降低成倍增加；当分层厚度为 0.1mm 时，CF/PEEK 复合材料的弯曲强度与模量分别达到 188.2MPa 和 5572.6MPa。而对于 PEEK 材料，由于在当前条件下的有效熔融区域已大于 200μm，故分层厚度在 0.1～0.2mm 之间，制件弯曲性能相差不大，其弯曲强度和模量均已稍高于材料注塑件的弯曲强度和模量，证明了当前工艺条件对于 PEEK 材料已是最优。

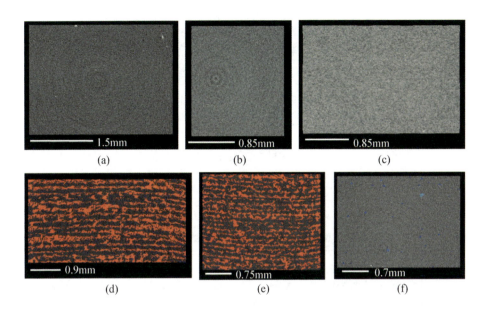

图 3-37 PEEK 及 CF/PEEK 在不同分层厚度时制件的 Micro-CT 扫描微观结构
（PEEK 和 CF/PEEK 固定激光功率分别为 10.9W 和 18.5W）
(a) PEEK-0.2mm；(b) PEEK-0.15mm；(c) PEEK-0.1mm；
(d) 10%CF/PEEK-0.2mm；(e) 10%CF/PEEK-0.15mm；
(f) 10%CF/PEEK-0.1mm。

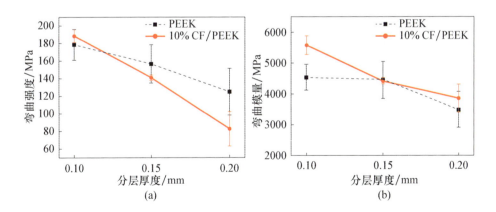

图 3-38 分层厚度对 PEEK 及 CF/PEEK 复合材料弯曲性能的影响
（PEEK 和 CF/PEEK 固定激光功率分别为 10.9W 和 18.5W）
(a) 弯曲强度；(b) 弯曲模量。

4. 复合材料制件的力学性能与成形工艺参数

以最佳力学强度为工艺优化目标，碳纤维增强 PA12 及 PEEK 复合材料的激光粉末床熔融成形工艺参数、成形制件的力学性能及工艺参数如表 3-7 所列。为了更具有普适性，将激光功率、激光扫描速度及扫描间距统一采用激光能量密度表示，其定义如下：

$$ED = \frac{P_1}{BS \times HS} \quad (3-10)$$

式中：ED(energy density)为激光能量密度(J/mm^2)；P_1 为激光功率(W)；BS 为扫描速度(mm/s)；HS 为扫描间距(mm)。

表 3-7 碳纤维增强复合材料激光粉末床熔融最优工艺参数与力学性能

材料	拉伸强度/MPa	拉伸模量/MPa	弯曲强度/MPa	弯曲模量/MPa	分层厚度/mm	预热温度/℃	激光能量密度(J/mm^2)
CF/PA12	63.8	6542.2	118.1	6016.2	0.125		
PA12	44.5	1649.2	53.7	1228.7	0.1	160	0.0429
	41.7	1577.2	49.9	1255.9	0.15		
CF/PEEK	108.5	7364.0	188.2	5572.6	0.1	305	0.0514
PEEK	90.2	4797.2	156.7	4440.2	0.15	320	0.0302

3.3.3 纤维增强复合材料各向异性性能

1. 各向异性性能产生的原因分析

对于含有增强纤维的复合材料，各向异性性能产生的原因受到纤维取向及层间结合性能的影响。对于机械混合的纤维增强复合粉末，碳纤维与高分子粉末在机械混合作用下达到宏观上的均匀分布，碳纤维在基体粉末中处于随机分布状态。但是在铺粉过程中，碳纤维受到铺粉辊摩擦力的作用而产生取向，倾向于沿着最小摩擦力方向分布，从而使成形的复合材料中碳纤维出现一定程度的取向。如图 3-39 所示，纤维在铺粉过程中的取向将影响到复合材料在 X、Y 向上的各向异性。复合材料 Z 向力学性能首先受到成形过程层间结合状态的影响，其次还受到复合材料中增强纤维取向的影响。

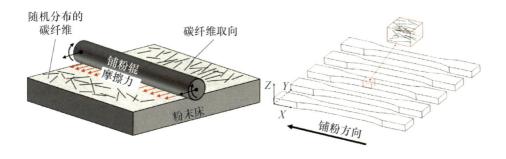

图 3-39 铺粉辊作用下中碳纤维的取向过程

2. 纤维层内取向与 Y 向力学性能

从理论上来说，复合粉末中的碳纤维在铺粉辊作用下进行取向属于具有一定长径比刚性体的流动行为。碳纤维在铺粉过程中发生平动及转动，其与辊子之间的摩擦力为动力，而与基体粉末颗粒及其他碳纤维的碰撞，以及与下层粉末床的摩擦力等均为碳纤维发生运动的阻力，其运动形式与受力均比较复杂。碳纤维的取向情况可能受到铺粉速度、铺粉辊的转动速度与方向、基体粉末颗粒形态、碳纤维长度、碳纤维直径及含量等影响。

对于含有 10% CF 含量的 CF/PEEK 及 CF/PA12，其 Y 向拉伸强度和模量如表 3-8 所列。从表中可以看出，CF/PA12 的 Y 向拉伸性能仅为 X 向拉伸性能的 1/2 左右，Y 向拉伸模量为 2855MPa，仅为 X 向拉伸模量的 1/3 左右，稍高于纯 PA12 的拉伸模量，这说明碳纤维发生了较高程度的取向。而 CF/PEEK 的 Y 向力学性能仅稍低于 X 向力学性能，造成这种现象的原因可能与 CF/PA12 复合粉末的形态有关。如图 3-40 所示，与不规则的 PEEK 粉末相比，激光粉末床熔融中使用的 PA12 粉末为规则的近球形颗粒，这种粉末形貌一方面改善了粉末颗粒的流动性，有利于形成平整的粉末床；另一方面则可能造成在 CF/PA12 复合粉末中，PA12 基体材料与碳纤维之间的摩擦力较小，从而在铺粉过程中碳纤维更容易发生取向。同时，根据对粉末材料的测试和微观结构观察，CF/PA12 复合粉中的 CF 长度及直径均较大，碳纤维长度越长，碳纤维越容易发生取向并对材料的力学性能产生较大的影响，所以在 CF/PA12 中的碳纤维沿着 X 方向产生了明显的取向。

表 3-8　复合材料的 Y 向力学性能

材料	Y 向拉伸强度/MPa	Y 向拉伸模量/MPa	X 向拉伸强度/MPa	X 向拉伸模量/MPa
CF/PA12	33.6±1.6	2855±127	63.8±0.24	6542±214
CF/PEEK	91±4	5502±204	109±1	7364±468

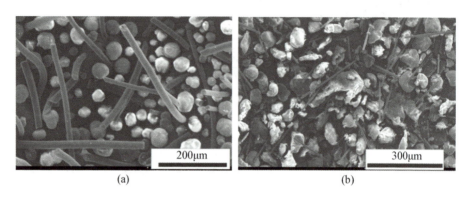

图 3-40　CF/PA12 及 CF/PEEK 复合粉末微观结构

(a)40% CF/PA12 复合粉末；(b)400μm-10% CF/PEEK 复合粉末。

通过试样表面的微观形貌观察碳纤维的取向角度，可以直观地观察到碳纤维在成形样件中的分布情况，如图 3-41 所示。可以发现，在制备的 CF/PA12 复合材料中，约 64% 的碳纤维分布在 X 向 ±20° 范围内，仅 8% 的碳纤维分布在 Y 向 ±20° 范围内，故碳纤维对 Y 向制件增强作用较弱。而对于 CF/PEEK，约 35% 的碳纤维分布在 X 向 ±20° 范围内，18% 的碳纤维分布在 Y 向 ±20° 范围内。

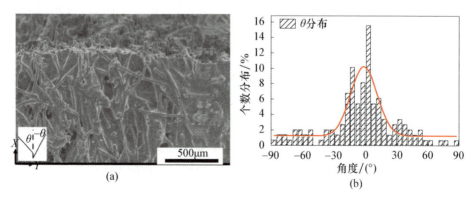

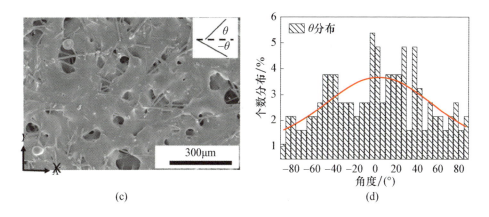

图 3-41 复合材料中的纤维取向

(a)CF/PA12 中的纤维取向；(b)CF/PA12 中纤维与铺粉方向的夹角分布规律；
(c)CF/PEEK 中的纤维取向；(d)CF/PEEK 中纤维与铺粉方向的夹角分布规律。

根据对 CF/PA12 Y 向试样的拉伸断裂面的观察可以发现，Y 向制件的拉伸断面较为光滑，其拉伸应力-应变曲线与纯 PA12 类似(图 3-42)，说明裂纹沿着纤维与基体制件的界面扩展，Y 向试样中主要是基体材料承担载荷，如图 3-43 所示。

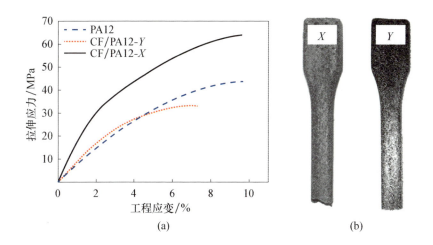

图 3-42 CF/PA12 复合材料 X 向及 Y 向制件拉伸应力-应变曲线及断面
(a)拉伸应力-应变曲线；(b)拉断后的试样。

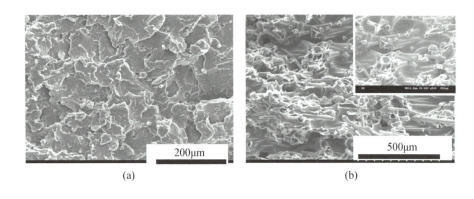

图 3-43　Y 向试样拉伸断面
(a)CF/PEEK 试样；(b)CF/PA12 试样。

3. Z 向力学性能

由于分层制造的特点，虽然在激光粉末床熔融成形过程中，当激光在扫描当前层时，会对上一层有一定的重融作用，但是制件的 Z 向力学性能仍然较差，如表 3-9 所列，激光粉末床熔融成形的 PA12、PEK 及 PEEK 均呈现一定的各向异性。随着碳纤维的加入，制件的 X 向拉伸强度相比纯高分子材料有明显的提高，但是其 Z 向力学性能却更差了。这是由于碳纤维含量较高，层间存在着大量的孔隙，基体材料的层间结合被进一步弱化造成的。从表中可以看出，复合材料 Z 向拉伸强度与所含碳纤维长度关系不大，结合 CF/PA12 复合材料的 Z 向力学性能，可以看出 Z 向力学性能更多受到纤维含量的影响，随着碳纤维的含量增加，Z 向力学性能逐渐降低。这主要是由于碳纤维无法穿过相邻两层，故无法对 Z 向制件起到增强作用，且碳纤维的存在还进一步降低了基体的结合，因此含有碳纤维的复合材料 Z 向拉伸性能要低于纯树脂的 Z 向制件。

表 3-9　激光粉末床熔融成形制件的 Z 向力学性能与 X 向力学性能对比

材料	Z 向拉伸强度/MPa	X 向拉伸强度/MPa
PA12	40.9±1.5	48.7±2
CF/PA12	13.3±1.1	63.8±0.24
CF/PA12(EOS 碳纤维尼龙)	25	72
PEK	88±7	48.4±3
PEEK	33.33±2.1	90.2±3.2
CF/PEEK	29.3±1.1	109±1

通过对拉伸断面微观结构的观察可以发现(图3-44)，Z向拉伸断面较为平齐，属于典型的脆性断裂，且存在着明显的纤维水平分布痕迹，说明复合材料在断裂时的裂纹沿着层间结合的位置扩展。

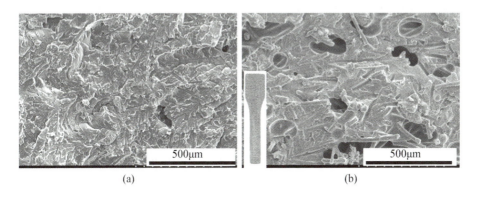

图 3-44　Z 向试样拉伸断面

(a)CF/PEEK 试样；(b)CF/PA12 试样。

从上面的实验数据中可以看出，对于机械混合的纤维增强复合材料，各向异性产生的原因一方面是由于激光粉末床熔融成形过程中材料层间结合性能要弱于层内结合性能，另一方面是由于碳纤维仅存在于扫描单层内，无法穿过相邻两层，从而碳纤维的存在会进一步降低制件的 Z 向力学性能。基于此，部分公司推出了熔融共混－机械粉碎方式来制备复合粉末，由于碳纤维被包覆于树脂内部，其制件的 Z 向力学性能如表 3-10 所列，从表中可以看出，复合材料的各向异性得到明显改善，但是这种方式制备的复合粉末由于碳纤维长度受到限制，X 向力学性能相比纯高分子材料增加不明显。

表 3-10　纤维包覆于聚合物内的复合粉末制件 Z 向力学性能与 X 向力学性能对比

商品牌号	材料	Z 向拉伸强度/MPa	X 向拉伸强度/MPa
HP 11-30	CF/PA11	46	56
PA 802-CF	CF/PA11	41	70
PA 620-MF	矿物纤维/PA12	34	51
PEKK HT23	CF/PEEK	61	80

本章从原材料、成形理论、成形工艺、制件性能等方面对粉末床熔融成形纤维增强复合材料进行了介绍。根据现有的研究进展，采用激光粉末床熔

融可实现碳纤维、矿物纤维、玻璃纤维增强 PA、PEEK、PEKK 等复合材料的成形,由于增强纤维的引入,复合粉末的成形过程和工艺均受到一定的影响。此外,复合材料还呈现出一定的各向异性,尤其是 Z 向力学性能较差。因此,如何在保证较好增强效果的基础上提高制件的 Z 向力学性能,并不断探索复合材料制件的应用性能将成为下一步研究的方向。

参考文献

[1] KHAIRALLAH S A, ANDERSON A T, RUBENCHIK A, et al. Laser powder-bed fusion additive manufacturing: Physics of complex melt flow and formation mechanisms of pores, spatter, and denudation zones[J]. Acta Materialia, 2016,108:36-45.

[2] FISCHER S, PFISTER A, GALITZ V, et al. A high-performance material for aerospace applications: development of carbon fiber filled PEKK for laser sintering[C]. Proceedings of the 27th Annual International Solid Freeform Fabrication Symposium-An Additive Manufacturing Conference,2016: 7-9.

[3] KRUTH J P, MERCELIS P, FROYEN L, et al. Binding mechanisms in selective laser sintering and selective laser melting[J]. Rapid Prototyping Journal, 2005,11(1):26-36.

[4] KRUTH J P, LEVY G, KLOCKE F, et al. Consolidation phenomena in laser and powder-bed based layered manufacturing[J]. CIRP Annals, 2007,56(2):730-759.

[5] LOH L, CHUA C, YEONG W, et al. Numerical investigation and an effective modelling on the Selective Laser Melting (SLM) process with aluminium alloy 6061[J]. International Journal of Heat and Mass Transfer,2015,80(2):288-300.

[6] DONG L, MAKRADI A, AHZI S, et al. Three-dimensional transient finite element analysis of the selective laser sintering process[J]. Journal of Materials Processing Technology, 2009,209(2):700-706.

[7] FRANCO A, ROMOLI L. Characterization of laser energy consumption in sintering of polymer based powders[J]. Journal of Materials Processing Technology, 2012,212(4):917-926.

[8] TOLOCHKO N K, LAOUI T, KHLOPKOV Y V, et al. Absorptance of powder materials suitable for laser sintering[J]. Rapid Prototyping Journal, 2000,6(3):155-160.

[9] SHEN F, YUAN S Q, GUO Y, et al. Energy absorption of thermoplastic polyurethane lattice structures via 3D Printing: modeling and prediction[J]. International Journal of Applied Mechanics, 2016,8(7):1-10.

[10] FAN K M, WONG W, CHEUNG W L, et al. Reflectance and transmittance of TrueForm™ powder and its composites to CO_2 laser[J]. Rapid Prototyping Journal, 2007,13(3):175-181.

[11] LAUMER T, STICHEL T, NAGULIN K, et al. Optical analysis of polymer powder materials for Selective Laser Sintering[J]. Polymer Testing, 2016, 56:207-213.

[12] PEYRE P, ROUCHAUSSE Y, DEFAUCHY D et al. Experimental and numerical analysis of the selective laser sintering (SLS) of PA12 and PEKK semi-crystalline polymers[J]. Journal of Materials Processing Technology, 2015,225:326-336.

[13] DRUMMER D, RIETZEL D, KÜHNLEIN F. Development of a characterization approach for the sintering behavior of new thermoplastics for selective laser sintering [J]. Physics Procedia, 2010,5:533-542.

[14] FRENKEL J. Viscous flow of crystalline bodies under the action of surface tension[J]. J. phys, 1945,9(5):358-391.

[15] HOPKINSON N, MAJEWSKI C E, ZARRINGHALAM H. Quantifying the degree of particle melt in Selective Laser Sintering®[J]. CIRP annals, 2009, 58(1): 197-200.

[16] VASQUEZ M, HAWORTH B, HOPKINSON N. Methods for quantifying the stable sintering region in laser sintered polyamide-12[J]. Polymer Engineering & Science, 2013, 53(6): 1230-1240.

[17] MOKRANE A, BOUTAOUS M, XIN S. Process of selective laser sintering of polymer powders: Modeling, simulation, and validation[J]. Comptes Rendus Mécanique, 2018, 346(11): 1087-1103.

[18] 华曙高科. 尼龙3D打印解决方案-252P系列[EB/OL]. [2019-7-26]. http://www.farsoon.com/solution_list01_detail/FrontColumns_navigation01.

[19] EOS. EOS P800 – Additive Manufacturing System for processing high performance polymers[EB/OL]. [2019 – 7 – 24]. https://www. eos. info/systems_solutions/plastic/systemse quipment/eosint – p800.

[20] EOS. EOS P810 – High – temperature polymer laser sintering solution for serial production of demanding composite components[EB/OL]. [2019 – 07 – 21]. https://www. eos. info/systems_solutions/eos – p – 810.

[21] NAZAROV A,SKORNYAKOV I,SHISHKOVSKY I. The setup design for selective laser sintering of high – temperature polymer materials with the alignment control system of layer deposition[J]. Machines,2018,6(1):11.

[22] BERRETTA S,WANG Y,DAVIES R,et al. Polymer viscosity,particle coalescence and mechanical performance in high – temperature laser sintering [J]. Journal of Materials Science,2016,51(10):4778 – 4794.

[23] BERRETTA S,EVANS K E,GHITA O R. Processability of PEEK,a new polymer for high temperature laser sintering(HT – LS)[J]. European Polymer Journal,2015,68:243 – 266.

[24] BERRETTA S,WANG Y,GITA O R. Predicting processing parameters in high temperature laser sintering(HT – LS)from powder properties[J]. Journal of materials science,2016,51(10):4778 – 4794.

[25] GHITA O,JAMES E,DAVIES R,et al. High temperature laser sintering(HT – LS):an investigation into mechanical properties and shrinkage characteristics of poly(Ether Ketone)(PEK)structures[J]. Materials & Design,2014,61:124 – 132.

[26] 闫春泽,史玉升,杨劲松,等. 高分子材料在选择性激光烧结中的应用(Ⅱ):材料特性对成形的影响[J]. 高分子材料科学与工程,2010(08):145 – 149.

[27] YUAN S Q,SHEN F,CHUA C K. Polymeric composites for powder – based additive manufacturing:Materials and applications[J]. Progress in Polymer Science,2019,91:141 – 168.

[28] 华曙高科 . 3D 打印高分子粉末材料[EB/OL]. [2019 – 07 – 26]. http://www. farsoon. com/solution _list_cl/.

[29] 3D Systems. 塑料 3D 打印材料[EB/OL]. [2019 – 07 – 24]. http://www. 3dsystems – china. com/materials aspx? id＝84♯p105.

[30] EOS. EOS Plastic Materials for Additive Manufacturing[EB/OL]. [2019 – 07 – 28]. https://www. eos. info/material – p.

[31] BERRETTA S, WANG Y, DAVIES R, et al. Polymer viscosity, particle coalescence and mechanical performance in high-temperature laser sintering [J]. Journal of Materials Science, 2016, 51(10):4778-94.

[32] YUAN S Q, ZHENG Y, CHUA C K, et al. Electrical and thermal conductivities of MWCNT/polymer composites fabricated by selective laser sintering[J]. Composites Part A: Applied Science and Manufacturing, 2018, 105:203-213.

[33] CHEN B, WANG Y, BERRETTA S, et al. Poly Aryl Ether Ketones (PAEKs) and carbon-reinforced PAEK powders for laser sintering[J]. Journal of Materials Science, 2017, 52(10):6004-6019.

[34] CHEN B, YAZDANI B, BENEDETTI L, et al. Fabrication of nanocomposite powders with a core-shell structure[J]. Composites Science and Technology, 2019, 170:116-127.

[35] JING W, HUI C, QIONG W, et al. Surface modification of carbon fibers and the selective laser sintering of modified carbon fiber/nylon 12 composite powder[J]. Materials & Design, 2017, 116:253-260.

[36] YAN C, HAO L, XU L, et al. Preparation, characterisation and processing of carbon fibre/polyamide-12 composites for selective laser sintering[J]. Composites Science and Technology, 2011, 71(16):1834-1841.

[37] 朱伟. 非金属复合材料激光选区烧结制备与成形研究[D]. 武汉:华中科技大学, 2018.

[38] Advanced Laser Material. HT-23[EB/OL]. [2019-07-04]. https://alm-llc.com/portfolio-items/ht-23/.

[39] 杨华锐, 汪艳. 聚醚醚酮/碳纤维复合粉末的制备及性能[J]. 工程塑料应用, 2016, 44(10):27-31.

[40] 杨华锐. 聚醚醚酮复合粉末的制备与性能研究[D]. 武汉:武汉工程大学, 2017.

[41] JANSSON A, PEJRYD L. Characterisation of carbon fibre-reinforced polyamide manufactured by selective laser sintering[J]. Additive Manufacturing, 2016. 9:7-13.

[42] BERRETTA S, EVANS K, GHITA O. Additive manufacture of PEEK cranial implants: Manufacturing considerations versus accuracy and mechanical performance [J]. Materials & Design, 2018, 139:141-152.

[43] FOROOZMEHR A, BADROSSAMAY M, FOROOZMEHR E, et al. Finite element simulation of selective laser melting process considering optical penetration depth of laser in powder bed[J]. Materials & Design, 2016, 89: 255-263.

[44] LI Y, ZHOU K, TOR S B, et al. Heat transfer and phase transition in the selective laser melting process[J]. International Journal of Heat and Mass Transfer, 2017, 108: 2408-2416.

[45] 陶文铨. 数值传热学[M]. 西安: 西安交通大学出版社, 2001.

[46] HAWORTH B, HOPKINSON N, HITT D, et al. Shear viscosity measurements on Polyamide-12 polymers for laser sintering[J]. Rapid Prototyping Journal, 2013, 19(1): 28-36.

[47] YAN M X, TIAN X Y, PENG G, et al. Hierarchically porous materials prepared by selective laser sintering[J]. Materials & Design, 2017, 135: 62-68.

[48] YAN M X, ZHOU C, TIAN X Y, et al. Design and selective laser sintering of complex porous polyamide mould for pressure slip casting[J]. Materials & Design, 2016, 111: 198-205.

[49] Victrex. Material Properties Guide[EB/OL]. [2019-6-20]. https://www.victrex.com/zh-chs/.

[50] MORTAZAVIAN S, FATEMI A. Effects of fiber orientation and anisotropy on tensile strength and elastic modulus of short fiber reinforced polymer composites[J]. Composites part B: engineering, 2015, 72: 116-129.

第 4 章
连续纤维增强热塑性复合材料挤出成形

4.1 引言

连续纤维增强热塑性复合材料挤出成形是增材制造近些年发展起来的最重要的复合材料成形工艺技术之一。在保留增材制造灵活的制造特性的基础上，该技术也通过保持纤维的连续性将纤维的增强性能发挥到最大，从而实现复合材料增材制造综合性能的大幅度提升。连续纤维增强热塑性复合材料的挤出成形目前主要涉及预浸丝制备、针对不同材料体系的工艺探索以及回收再利用等方面，包括成形前、成形中及成形后的全过程技术研究。本章将依次介绍连续纤维预浸丝的制备方法、面向复合材料的多重界面研究以及回收再利用工艺，涉及的材料体系包括碳纤维、聚醚醚酮（PEEK）以及尼龙（PA）等。

4.2 连续纤维增强复合材料挤出成形机理

4.2.1 原位熔融浸渍挤出成形方法

连续纤维增强树脂基复合材料原位熔融浸渍挤出工艺成形机理如图 4-1 所示。其打印流程与传统材料挤出增材制造工艺相似，最大的区别在于该工艺是将连续纤维与热塑性树脂丝材同时送入到打印头内，从喷嘴挤出复合材料堆积成形三维零件，该工艺主要分为三个过程进行打印：熔融浸渍过程、挤出沉积过程与堆积成形过程。

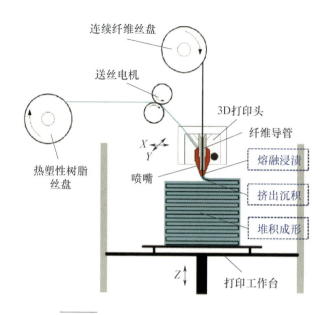

图 4-1　原位熔融浸渍挤出工艺成形原理

以纤维干丝与热塑性树脂丝材作为原材料，丝材通过送丝电机送入到 3D 打印头中，在打印头内部加热熔融，熔融树脂在丝材推力作用下送入到喷嘴内部。与此同时，连续纤维通过纤维导管送入到同一个 3D 打印头内，穿过整个打印头在喷嘴内部被熔融树脂浸渍包覆形成复合丝材，浸渍后的复合丝材从喷嘴出口处挤出，随后树脂基体迅速冷却固化黏附在工件上层，使得纤维能够不断地从喷嘴中拉出。同时，在计算机控制下，$X-Y$ 运动机构根据截面轮廓与填充信息，按照设定路径带动打印头运动，复合材料丝不断从喷嘴中挤出堆积，形成单层实体，单层打印完成后，Z 轴工作台下降层厚距离，重复以上打印过程，从而实现三维连续纤维增强热塑性复合材料构件的制造。

根据以上对连续纤维增强热塑性复合材料增材制造成形机理的研究，设计开发的基于传统桌面型 FFF 设备的复合材料打印平台，如图 4-2 所示。该平台主要由复合材料集成 3D 打印头、三维运动模块、送丝模块、温度控制模块、运动控制模块等组成。实验平台进行复合材料打印时，热塑性树脂丝材在送丝模块作用下送入复合材料集成 3D 打印头内，与此同时连续纤维也被送入到打印头内，在打印头内部，树脂与纤维完成熔融浸渍，然后挤出沉积到打印平台上，熔融浸渍的温度以及打印平台的温度由温度模块控制，三维运动模块在运动控制模块的控制下带动 3D 打印头按照打印路径运动不断堆积复合材料最终成形三维复合材料零件,其中复合材料集成 3D 打印头为该实验平台的核心模块,其他模块如三维运动模块等为增材制造通用模块,需要根据功能要求进行零件选型再进行装配调试。

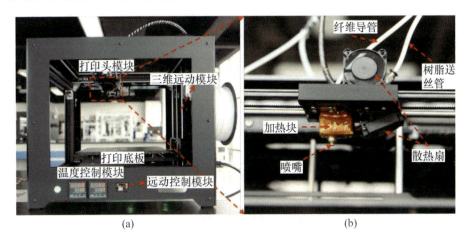

图 4-2 连续纤维增强热塑性复合材料增材制造设备
(a)打印机整体;(b)打印头。

4.2.2 纤维预浸丝挤出成形方法

连续纤维增强热塑性复合材料预浸丝挤出成形工艺原理如图 4-3 所示,与原位熔融浸渍挤出工艺最大的区别在于该工艺采用连续纤维预浸丝为原材料,将预浸丝送入到 3D 打印头内,然后依次经过熔融挤出,层层堆积成形。

典型制造商代表包括美国 Markforged 公司等,Markforged 公司自 2014 年开始陆续推出 Mark 系列打印机。该设备主要采用两个独立喷头,一个喷头挤出热塑性树脂,另外一个喷头连续喷出纤维预浸丝束,两个喷头配合工作,分别铺放熔融树脂与纤维预浸束进行构件轮廓与内部填充结构的制造,实现尼龙复合材料增材制造,如图 4-4 所示,该打印方式的关键是预浸丝的制备。胡庆西等人开发了利用螺杆挤出的方式制备碳纤维增强 PLA 预浸丝,如图 4-5 所示。熔融树脂在螺杆旋转剪切的作用下流动性得到改善,同时在螺杆压缩作用下产生较大的压力,更容易渗透到纤维束内部形成具有良好界面的预浸丝。其中,螺杆的压力、温度、牵引速度等参数会直接影响预浸丝的质量。此外，美国 Continuous Composites 公司提出的 CF3D 工艺、意大利 Moi Composites 公司与米兰工业大学提出的 CFM 工艺都采用溶液浸渍的方式制备热固性预浸丝，在铺放纤维预浸丝过程中再利用紫外光（UV）等手段实现材料的快速固化成形，如图 4-6 所示。Hao Wenfeng 等人打印的碳纤维增强环氧树脂复合材料样件的拉伸强度与模量分别达到 792.8MPa 与 161.4GPa。

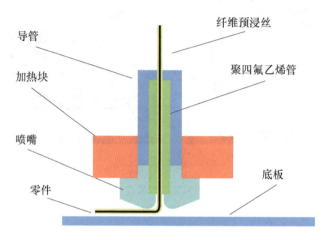

图 4-3　纤维预浸丝挤出成形工艺原理

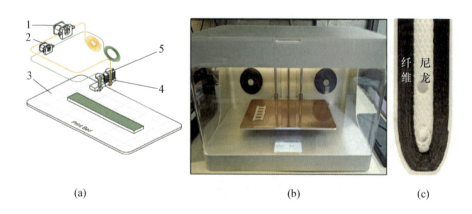

图 4-4　**Markforged** 公司连续纤维预浸丝增材制造工艺
(a)成形机理；(b)MarkOne 打印机；(c)成形零件。
1—尼龙送丝器；2—纤维送丝器；3—打印底板；
4—纤维打印头；5—尼龙打印头。

第4章 连续纤维增强热塑性复合材料挤出成形

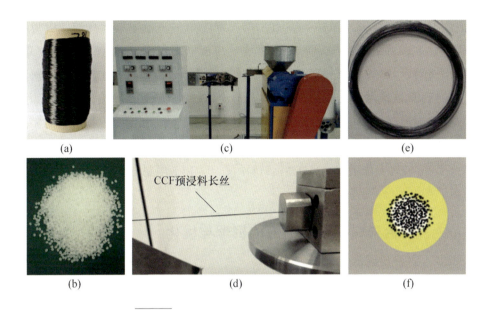

图 4-5 增材制造连续纤维预浸丝制备技术

(a)干纤维束；(b)粒料；(c)螺杆挤出；(d)模头；(e)预浸丝；(f)微观结构。

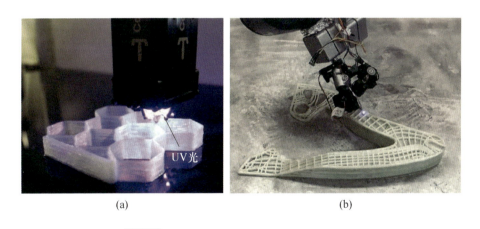

图 4-6 热固性连续纤维预浸丝增材制造技术

(a)CF3D 工艺；(b)CFM 工艺。

热塑性纤维预浸丝挤出工艺与原位熔融浸渍挤出工艺相比，两者各有优缺点。对于原位熔融浸渍挤出工艺，原材料采用纤维干丝不需要进行任何预处理，扩展了原材料的兼容性，任何的增强纤维如碳纤维、芳纶纤维、玻璃纤维能与任何的热塑性树脂材料结合作为原材料进行打印，不受材料种类的限制。另外，该工艺还能够通过调节工艺参数实现纤维含量的动态调控，但该工艺仅靠喷嘴

085

内部的压力以及树脂的流动性去形成界面，喷嘴内部压力有限，热塑性树脂由于具有较长的分子链使得熔融流动性较差，导致形成的复合材料界面性能较差，力学性能往往达不到最优的效果。对于热塑性纤维预浸丝挤出工艺，由于制备预浸丝过程中螺杆挤出机内部产生的压力较大，熔融树脂在该压力作用下能够产生程度较高的浸渍，再经过打印时喷嘴压力的二次浸渍使得打印复合材料的界面性能优异，可以获得良好的力学性能。但预浸丝的制备过程比较复杂，成本较高，同时一种预浸丝只能用于一种热塑性材料的打印，因而限制了材料的种类。

4.3 复合材料多重界面形成机理与优化

复合材料的力学性能除了受到基体材料与增强材料本身的力学性能影响以外，增强的效果也受到两者界面结合情况的影响。纤维增强树脂基复合材料的界面通常是指纤维与树脂在一定外部条件作用下，复合过程中产生的两相之间的作用面，是连接复合材料中树脂基体与增强纤维之间相互作用的微观区域。从力学观点看，界面层的作用就是使基体和增强体之间实现完整的结合，连接成力学连续体。对界面层的力学要求是需要具有均匀的强度，确保基体与增强体之间有效地传递载荷，使它们在复合材料承载时，充分发挥各自的功能，呈现最佳的综合性能。实际应用也证实，多相材料的大多数断裂破坏现象源于软硬相界面。因此，只有提高界面结合力，才能使界面层获得两相之间足够的界面强度并产生良好的复合效果。此外，适当的界面结合力能起到阻止裂纹扩展、减缓应力集中的作用，但在复合过程中界面区域也极易产生孔隙、脱黏等微观缺陷，成为复合材料最容易破坏的薄弱环节。因此，复合材料界面性能的优劣将会直接影响构件最终的力学性能，稳定可靠的界面是保证复合材料发挥其优异性能的关键因素甚至是决定性因素。复合材料的界面尺寸很小且不均匀、化学成分及结构复杂、力学环境复杂，其性能受诸多因素影响，不仅与基体材料和增强材料的结构、形态、状态、物理性质、化学性质等相关，而且因为不同的成形方式以及不同的工艺条件而存在差异，不同的界面状态与强度都会导致复合材料不同的性能。因此，在复合材料成形过程中，对界面的调控与设计显得至关重要，要实现上述目标，需要对复合材料界面作用机理有所认识，目前界面相的作用机理尚不完全清楚，可以总结为以下几种理论：

(1)物理吸附与浸润理论，指的是树脂与纤维间具有良好的润湿性以使得两者紧密接触，若润湿不良会产生界面缺陷，进而产生应力集中导致局部开裂，该作用力一般为分子间作用力。

(2)化学键合理论，指纤维表面的活性官能团与附近树脂中的活性官能团在界面处发生化学反应并形成化学键，结合力主要是主价键力作用，该理论特别适用于多束热固性树脂基复合材料。

(3)扩散理论，通过增强体和基体的原子或分子越过组成物的边界相互扩散而形成界面。

(4)机械黏结理论，纤维表面存在高低不平的峰谷和细微的孔洞结构，当树脂基体填充并固结后，树脂和纤维表面产生机械性的互锁现象，该黏结作用的强弱与纤维表面的粗糙度及树脂基体对纤维的润湿性大小有很大的关联。

(5)静电理论，是指纤维与基体在界面上静电荷符号的不同引起的相互吸引力，结合力大小取决于电荷密度，在纤维表面用交联剂处理后，该作用将变得更加明显。

针对每一种复合材料成形工艺，根据工艺特点、材料属性的不同确定界面的作用机理类型以及各自强弱程度，再通过工艺控制、材料处理等技术手段实现界面调控与设计方法被普遍采用。针对连续纤维增强热塑性复合材料挤出成形工艺，在图4-1熔融浸渍—挤出沉积—堆积成形的成形原理基础上，结合增材制造材料组分与物理、化学性质等建立了连续纤维增强热塑性复合材料挤出成型工艺界面微结构模型，如图4-7所示，其具有介观—微观—纳观层次上的多重界面结构特征，具有与传统复合材料相似的纤维与树脂间的界面结构，该界面的形成可以分为以下两个阶段。

(1)第一阶段：在熔融浸渍的过程中，在喷嘴内部压力及在挤出过程中喷嘴出口端压力的共同作用下，熔融树脂将渗透到纤维束内部，使树脂与纤维束表面发生接触，良好的接触是载荷传递的必要条件。传统的热固性树脂复合材料所采用的热固性树脂，在常温下呈液态且具有良好的流动性，同时传统所采用的热压罐工艺等能提供长时间的高温、高压条件，因此纤维与树脂可以发生充分地渗透。但材料挤出增材制造工艺的树脂材料一般都是热塑性树脂，如PLA、ABS、PA、PEEK等，这些树脂具有较长的分子链，熔融时呈现半流体状态，具有较高的黏性，呈现较差的流动性。此外，在成形过程中，喷嘴内部压力以及沉积压力较传统热压罐工艺小，在采用干纤维束进行打印时，不能保证熔融树脂完全浸渍到纤维束内部,外部载荷不能有效地传递到未发生浸渍的纤维上,不能充分发挥纤维的承载能力,未发生浸渍的纤维还容易形成孔隙等缺陷造成应力集中,降低复合材料力学性能。因此,在连续纤维增强热塑性复合材料挤出成形工艺中,应首先考虑如何促进树脂与纤维发生完全渗透,进而形成完整的浸渍界面。

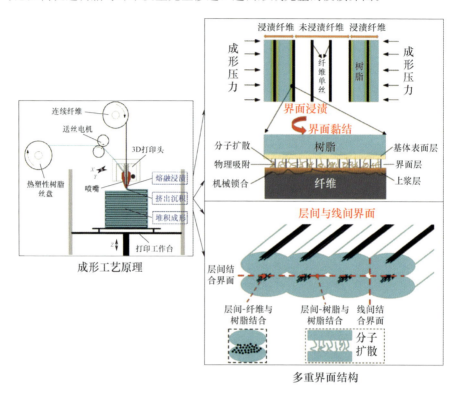

图 4-7 连续纤维增强热塑性复合材料挤出成形工艺多重界面形成机理

(2)第二阶段:在树脂与纤维发生浸渍接触之后,二者在外部条件下发生相互作用并且产生一层具有一定厚度(纳米尺度以上)、结构随基体和增强体而异、与基体和增强体有明显差别的新相,该界面通常称为黏结界面。在将树脂与纤维连接成整体的同时又保持相互独立。根据材料体系与成形工艺的不同会产生不同的作用机理,使得界面具有不同的黏结强度,合适的黏结强度才能同时发挥界面的传递效应与阻断效应,保证复合材料力学性能的最优化。因此,针对黏结界面常常采用一系列技术手段如上浆处理、氧化处理等对其进行设计与调控。在连续纤维增强热塑性复合材料熔融沉积成形工艺中,热塑性树脂原材料一般不会发生化学反应与纤维表面产生化学键结合,产生的界面效应主要包括分子扩散、物理吸附与机械锁合三种。但是，由于目前市面上商业化的干纤维束表面活性官能团少，呈现较强的化学惰性，与树脂分子的润湿性差，且表面存在一层热固性的环氧上浆层，热固性环氧与热塑性树脂相容性差，无法产生分子扩散，环氧上浆层还会降低纤维表面的粗糙度，削弱与树脂的机械结合，因此需要制备适用于增材制造的纤维束改善黏结界面性能，并结合增材制造的工艺特点实现对该界面的调控与设计。

在连续纤维增强热塑性复合材料熔融沉积成形工艺中，除了上述的微观尺度的浸渍界面与纳观尺度的黏结界面，还存在因为增材制造点到线、线到面的工艺特点形成的介观尺度的层间与线间结合界面以及线间堆积孔隙。界面是在挤出沉积以及堆积成形过程中未冷却的树脂与相邻已堆积树脂分子相互扩散形成的，孔隙是因堆积线未完全搭接造成的。类似于经典复合材料层合板，该界面上的缺陷会造成复合材料率先发生层间剥离破坏，而纤维还来不及起到承载的作用。同时，线间堆积孔隙也会产生应力集中造成裂纹扩展。因此，保证此界面的优良对保证增材制造复合材料的性能，特别是 Z 向性能至关重要。尤其是对于一些高温结晶性热塑性树脂，如 PA、PEEK，由于熔融温度高造成树脂挤出后冷却速度快，分子活性降低，扩散作用减弱，极易产生分层现象，冷却结晶也会产生大的内应力，加剧层间分离，更需要进行工艺与材料优化以改善层间与线间界面结合性能。

4.3.1 工艺参数对复合材料性能的影响

连续纤维增强热塑性复合材料挤出成形工艺是传统复合材料制造技术与增材制造技术的结合，它兼具二者的工艺特征，成形零件既具有复合材料的特性（如纤维含量、界面性能等），也具有增材制造的特性（如层间结合、线间结合等）。而无论传统复合材料制造技术还是增材制造技术的成形过程都存在不同的工艺参数，工艺参数的变化会影响零件的结构特征，从而决定其力学性能。因此，需要对连续纤维增强热塑性复合材料挤出成形工艺的工艺参数展开系统的研究，探索基础的工艺参数对复合材料零件力学性能的影响规律，建立二者的内在联系，为后续进行工艺优化奠定基础。

根据前期的实验探索，连续纤维增强热塑性复合材料挤出成形工艺与传统的材料挤出增材制造工艺具有相似的工艺参数，主要包括打印头温度 $T(℃)$、分层厚度 $L(mm)$、扫描间距 $H(mm)$、吐丝速度 $E(mm/min)$、打印速度 $v(mm/min)$ 等，其工艺参数原理如图4-8所示。其中打印头温度 T 是3D打印头熔融腔的加热温度,主要用于加热树脂丝材至熔融态;分层厚度 L 是增材制造相邻堆积层之间的中心距离;扫描间距 H 是增材制造相邻沉积线之间的中心距离;吐丝速度 E 是单位时间内树脂丝材送进打印头熔融腔内部的体积,同时也是打印头喷嘴出口处单位时间内挤出树脂材料的体积;打印速度 v 是运动平台带动3D打印头铺放纤维时的移动速度。

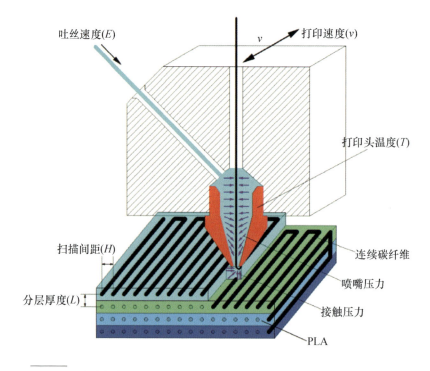

图4-8 连续纤维增强热塑性复合材料挤出成形工艺打印工艺参数原理图

选用PLA丝材(品牌FLASHFORGE,直径1.75mm)作为基体材料,PLA不仅具有较低的熔融黏度,能在打印过程中对纤维形成良好的浸渍效果,同时成形温度较低,分子结构为非结晶结构,材料收缩变形小,成形复合材料零件工艺难度低。此外,选用连续碳纤维干丝(日本TENAX-J、HTA40-1K)作为增强材料,利用原理样机制备碳纤维增强PLA复合材料(CCF/PLA)。通过前期的实验探索确定每个工艺参数合适的变化范围,在该范围内选取不同的参数值,同时其余参数始终保持一个合适的数值,如表4-1所列。根据所选择的工艺参数,利用图4-2所示的复合材料增材制造设备按照

GB 1449—2005 标准打印抗弯标准件,每组试样打印 5 个,再利用 PLD-5kN 力学试验机做三点弯曲实验取平均值得到弯曲强度。

表 4-1 CCF/PLA 3D 打印工艺实验参数选择

工艺参数	参数范围	其他工艺参数
打印头温度 $T/℃$	180,190,200,210,220,230,240	$L0.65$,$V100$,$E150$,$H1.2$
分层厚度 L/mm	0.3,0.4,0.5,0.6,0.7,0.8	$T210$,$V100$,$E100$,$H1.2$
吐丝速度 $E/(mm/min)$	60,80,100,120,140,160	$T210$,$L0.5$,$V100$,$H1.2$
扫描间距 H/mm	0.4,0.6,0.8,1.0,1.2,1.4,1.6,1.8	$T210$,$L0.5$,$V100$,$E100$
打印速度 $v/(mm/min)$	100,200,300,400,500,600	$T230$,$L0.65$,$E150$,$H1.2$

采用连续纤维增强热塑性复合材料挤出成形工艺制备的 CCF/PLA 样件,其弯曲强度与抗弯模量随温度变化曲线如图 4-9 所示。CCF/PLA 试件随着打印温度的升高,其弯曲强度与模量也有了近似线性的提升,当打印温度为 180℃时,平均弯曲强度和模量分别为 111MPa 和 5.4GPa;当打印温度为 240℃时,平均弯曲强度和模量分别为 155MPa 和 8.6GPa。

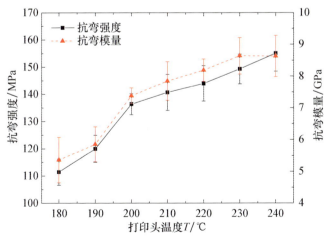

图 4-9 打印头温度对 CCF/PLA 复合材料弯曲性能的影响

采用连续纤维增强热塑性复合材料挤出成形工艺制备的 CCF/PLA 样件，其弯曲强度与模量随分层厚度 L 与扫描间距 H 变化曲线如图 4-10 与图 4-11 所示。两者具有相同的变化趋势，样件弯曲强度与模量随着工艺参数的减小而增加，当分层厚度为 0.3mm 时，平均弯曲强度和模量分别为 240MPa 和 20GPa；当分层厚度为 0.4～0.6mm 时，弯曲强度与模量下降不明显；当分层厚度为 0.7mm 和 0.8mm 时，弯曲强度与模量下降严重。随着扫描间距 H 的增加，试件的平均弯曲强度与模量下降趋势更明显，当扫描间距为 0.4mm 时，平均弯曲强度与模量达到最大，分别为 335MPa 和 30GPa。

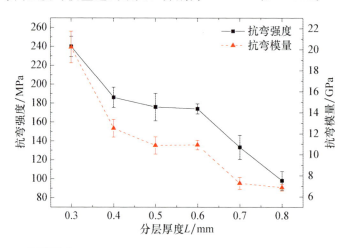

图 4-10　分层厚度对 CCF/PLA 复合材料弯曲性能的影响

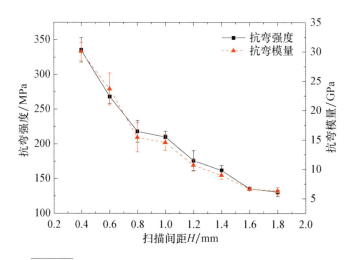

图 4-11　扫描间距对 CCF/PLA 复合材料弯曲性能的影响

采用连续纤维增强热塑性复合材料挤出成形工艺制备的 CCF/PLA 样件，弯曲强度与模量随进丝速度、打印速度变化曲线如图 4-12 与图 4-13 所示，在一定参数范围内，二者的变化对样件力学性能的影响变化不大，只有当吐丝速度过小，在 60~80mm/min 时，样件的弯曲强度会严重下降，主要原因是此时产生的缺陷比较严重。

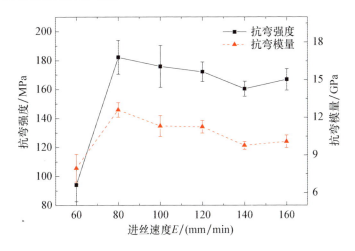

图 4-12　进丝速度对 CCF/PLA 复合材料弯曲性能的影响

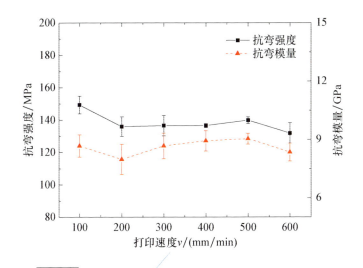

图 4-13　打印速度对 CCF/PLA 复合材料弯曲性能的影响

利用扫描电子显微镜观察不同工艺参数下断裂样件横截面的微观结构，打印头温度分别为180℃与240℃时的电镜照片如图4-14所示。对比图4-14(a)和(d)发现，在180℃条件下，层与层的PLA之间有明显的分离现象，而在240℃时，层与层的PLA熔融在一起没有分离现象，说明打印温度较低时层间结合界面性能差。对比图4-14(b)和(e)发现，在180℃条件下，PLA基体在外围包裹住纤维束，几乎未浸渍到纤维束内部，单根纤维之间不存在PLA，而在240℃时，PLA基体大量的浸渍到纤维束内部，大部分单根纤维之间存在有PLA，说明打印温度较低时复合材料浸渍界面较差。

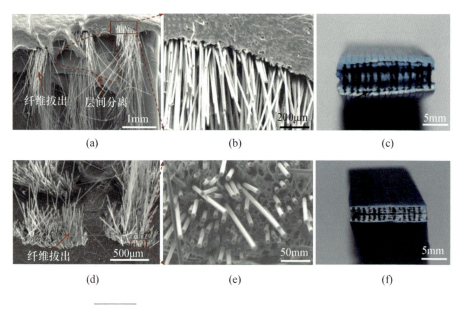

图4-14 不同打印头温度下样件扫描电镜与断裂照片
(a)、(b)、(c)180℃；(d)、(e)、(f)240℃。

因此，较低的成形温度会造成浸渍界面与层间结合界面差，主要原因是随着温度的升高热塑性树脂分子活性增强，熔融流动性提高，PLA的熔融指数随温度的变化规律如图4-15所示。流动性增加能促进树脂分子更容易渗透到纤维束内部使得浸渍界面得到改善，同时有利于树脂分子间的相互扩散，使得层间结合界面改善，界面的改善使外部载荷更容易传递到增强纤维上。同时层与层之间不会发生层间剥离，从而获得了相对较高的弯曲强度与模量。温度较低时，浸渍界面与层间界面都较差，发生大量纤维拔出与层间剥离失效模式(失效模式为纤维与基体的断裂以及部分纤维拔出)，弯曲强度与模量较低。

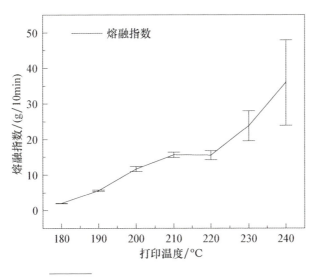

图 4-15　PLA 熔融指数随温度的变化规律

分层厚度分别为 0.5mm 与 0.7mm 时，样件的电镜照片如图 4-16 所示。对比图 4-16(b) 和图 4-16(e) 中复合材料微观结构，可以看出：当分层厚度为 0.5mm 时，PLA 已浸渍到纤维束内部；而分层厚度为 0.7mm 时，PLA 仅仅包裹住碳纤维束，未浸渍到纤维束内部，说明较小的分层厚度能得到较优异的浸渍界面，分层厚度为 0.7mm 的样件断裂时发生了层间分离与大量的纤维拔出。再对比图 4-16(a) 和图 4-16(d) 发现，较大的分层厚度也会造成层间结合界面差。

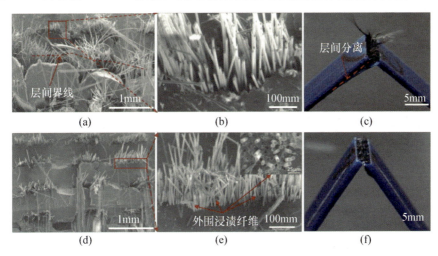

图 4-16　不同分层厚度下样件扫描电镜与断裂照片
(a)、(b)、(c) 0.7mm；(d)、(e)、(f) 0.4mm。

实际上对于扫描间距同样存在与分层厚度相似的实验现象，较小的数值能够获得较优异的浸渍界面与层间界面，研究发现主要原因是以上两个工艺参数的变化引起成形过程中的压力变化。如图 4-8 所示，在连续纤维增强热塑性复合材料挤出成形工艺中的成形压力主要包括喷嘴出口端与堆积层的接触压力、相邻沉积行间的压力、层与层之间的接触压力以及喷嘴熔融腔内部压力。分层厚度与扫描间距的减小都会导致喷嘴出口端与堆积层之间的堆积空间减小，根据流体力学理论，此时会造成接触压力与喷嘴内部压力的增加。压力是驱动树脂浸渍到纤维束内部的动力，压力越大越容易促进 PLA 渗透纤维束，同时也会使层间与线间压实，结合更加紧密。

综上所述，连续纤维增强热塑性复合材料挤出成形工艺参数的变化最终改变的是成形过程中温度与压力两项物理条件的变化。成形过程中温度的变化会影响树脂的熔融流动性，从而影响树脂浸渍纤维束的程度；成形过程中压力的变化也会对浸渍过程产生影响，压力越大，越能够促进树脂浸渍到纤维束内部。因此分层厚度、扫描间距与吐丝速度的变化会对试样的界面结合性能产生影响。但是所有断裂样件横截面中拔出的纤维表面都比较光滑，无残留树脂，说明纤维与树脂表面的黏结强度都比较低，温度与压力的变化并不能改善树脂与纤维之间的黏结性能。对于线间结合界面与层间结合界面，打印工艺参数对其的影响规律同传统材料挤出增材制造工艺是一致的，打印头温度的增加使得熔融树脂流动性以及分子的活性提高，促进树脂的黏结；分层厚度和扫描间距减小以及吐丝速度的增加都有助于提高打印压力，从而提高层间与线间结合性能。因此通过优化连续纤维增强热塑性复合材料挤出成形工艺参数能够对复合材料的界面起到一定的改善作用。但若温度过高会造成树脂流动性太好，会在打印过程中因为重力作用从喷嘴出口处流出，造成成形样件精度较差，且压力的变化始终有限。同时，纤维束本身有很强的集束性，即使将工艺参数取到工艺能力的极限值，纤维束仍不能发生完全浸渍，仍有中间部分纤维未被浸渍，因此需要其他技术手段来对浸渍界面进行进一步优化。

另外，打印工艺参数的变化也会影响成形复合材料的纤维含量，纤维含量是另一个决定零件力学性能的重要因素，它影响复合材料零件单位体积内承力对象的多少。传统加工工艺致力于通过提高纤维含量来获得高性能复合材料零件。打印工艺参数中分层厚度 L、扫描间距 H、吐丝速度 E 的变化会对样件的纤维含量产生影响，如图 4-17 所示，这三个工艺参数与样件纤维含量都呈负相关的关系。随着工艺参数的增加纤维含量下降，且扫描间距的变化对纤维含量的影响较大，纤维含量的下降会导致样件力学性能的下降，但由于这三个工艺参数的变化除了会引起纤维含量的变化，同时也会引起界面结合性能的变化。此时 CF/PLA 样件的力学性能由纤维含量与界面性能共同决定，其中分层厚度 L、扫描间距 H 都与界面性能、纤维含量呈负相关的关系，因此 L、H 的增大会同时导致纤维含量与界面性能的下降，从而导致力学性能的下降。在扫描间距为 0.4mm 时，纤维体积分数达到最大值 24%，平均抗弯强度最大达到 335MPa。吐丝速度 E 与纤维含量呈负相关的关系，与界面性能呈正相关的关系，E 的增加会导致纤维含量的下降，同时会提高界面结合性能，力学性能在二者的综合作用下发生变化。

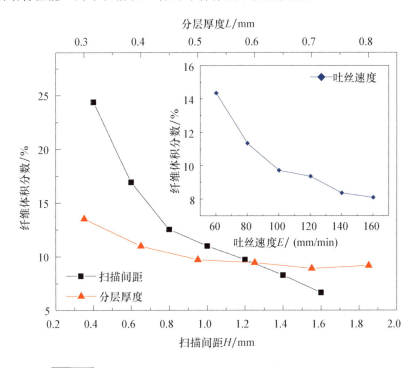

图 4-17　打印工艺参数对 CCF/PLA 样件纤维含量的影响规律

4.3.2　纤维表面预处理与界面优化

1. 熔融浸渍纤维预处理

通过对原位熔融浸渍拉挤工艺制备的复合材料分析发现，其多重界面仍然存在较为明显的缺陷。对于浸渍界面，由于树脂基体采用热塑性材料，相比于传统的热固性基体材料具有更长的分子链结构，所以加热熔融黏度大，流动性差，浸渍纤维束的能力不足，外部的温度与压力是影响浸渍效果的主要工艺条件。虽然各工艺参数的变化能够引起成形过程中温度与压力的变化，从而改善浸渍界面，但由于纤维在喷嘴熔融腔内部的浸渍时间非常短，且打印头内温度与压力的变化也十分有限，再加上纤维干丝的集束性好等因素，导致即使工艺参数达到极限值也无法实现树脂与纤维的完全浸渍，纤维孤岛始终存在，造成内部缺陷，这种缺陷对于一些高纤度纤维束（如 3K、6K 碳纤维等）以及具有更高熔融温度与黏度的高性能材料（如 PA、PEI、PEEK 等）将会更加严重。

1）工艺原理与核心部件设计

为改善以上复合材料浸渍界面存在的缺陷，通常利用熔融浸渍的方式进行纤维预浸丝制备，之后再利用预浸丝进行打印。图 4-18 为一种采用微螺杆挤出的方式实现预浸丝的原位制备与直接打印。该工艺采用热塑性树脂粒料为原材料，通过微螺杆熔融挤出进入中部摩擦剪切轮内腔，再通过摩擦剪切轮的出口进入到压力浸渍头内腔，同时纤维束由浸渍头上端进入，依次穿过摩擦剪切轮最终从下端喷嘴出口出来。在一定纤维张力下，随着纤维束从喷嘴处拉出，纤维与摩擦剪切轮发生摩擦剪切作用，根据剪切稀释原理，树脂在该作用下更容易渗透到纤维束内部，从而形成复合材料预浸丝，从喷嘴出口处挤出再经过层层堆积形成复合材料构件。螺杆的旋转压缩作用以及摩擦剪切作用，能够在压力浸渍头内部产生较大的压力，远远超过普通连续纤维复合材料打印喷嘴的压力，能够更好地促进树脂浸渍纤维束，所以它不仅能够用来打印 1K 纤维束，还具有打印 3K 甚至更高纤维束的能力。

本工艺的核心装备是微型螺杆的设计，对于传统的材料挤出增材制造而言，单位时间内树脂的挤出量比较小，因此也要求微螺杆能够在小的挤出速度下精确控制挤出量。为解决此问题，螺杆设计的理论依据不再采用设计大螺杆时的无限平板模型，而是采用有限槽宽理论模型，螺杆流量与各参数的关系如下：

$$q_z = F_d - F_P \left[\frac{1}{\mu} \frac{\partial p}{\partial z} \frac{h^2}{R_b \omega \cos\varphi} \right]$$

式中：z 为螺槽深度；μ 为熔体黏度；p 为熔体压力；F_d 为拖拽流系数；F_P 为压力流系数；R_b 为螺杆半径；ω 为螺杆角速度；φ 为螺旋角。

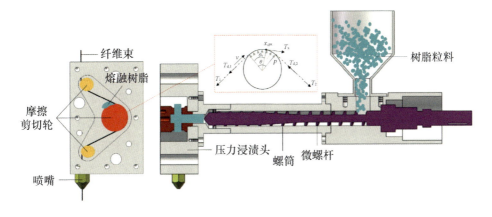

图 4-18 基于微螺杆挤出的纤维预浸丝原位制备与打印工艺

根据以上的计算模型计算出微螺杆的关键技术参数如表 4-2 所列。

表 4-2 微螺杆参数

直径	长径比	送料段	压缩段	计量段	压缩比	螺槽深度	螺旋角
8mm	12∶1	36mm	24mm	28mm	3.3	2mm	14.28°

接下来,利用该装置分别研究以 1K 与 3K 纤维束作为增强相,以尼龙粒料作为基体相的复合材料的制备与打印工艺,评估其对浸渍界面的优化能力。

2) 工艺参数选取

首先,利用开发的实验平台对连续纤维增强热塑性复合材料挤出成形工艺预浸丝制备与打印两个过程的工艺参数开展了系统地研究。选用 PA12 的颗粒料(Grilamid TR90,瑞士)作为树脂材料,粒径为 3mm 左右,熔融温度在 240~300℃ 之间,由于螺杆送料段的螺槽深度 h_1 为 2mm,所以需要对 PA12 的颗粒料进行冷冻粉碎,减小颗粒尺寸,以保证螺杆顺利输送物料。通过前期的实验探索,颗粒料的粒径在 0.8~1.2mm 之间最为合适,粒径过小时,会导致与螺杆螺筒摩擦力小难以向前输送,粒径过大时则需要高的螺杆转矩,容易造成螺杆损坏。同时选用两种不同纤度的碳纤维束(T300-1K-50C 与 T300-3K-50C)作为增强材料,将以上两种碳纤维增强 PA12 复合材料的预浸丝以及样件分别称为 1K-CCF/PA12 与 3K-CCF/PA12。

在预浸丝的制备与打印过程中,工艺参数主要可以分为 3 大类,如

表 4-3 所列。第 1 类为加热温度参数，借鉴传统螺杆注塑机经验，在挤出颗粒料过程中，送料段、压缩段与计量段需要设定不同的温度。对于该微型螺杆，由于各段长度较小，送料段一般不需要加热，且需要采用风冷的方式进行散热，防止物料过早融化。压缩段与计量段的温度一般略高于物料开始融化的温度，且压缩段温度略低于计量段温度，既能维持物料与螺杆螺筒的摩擦剪切作用，保证物料顺利向前输送，又可以防止物料过早融化，长时间在螺杆内滞留造成物料老化。浸渍模具与 3D 打印头内的温度适当升高能够提高树脂流动性，进一步改善树脂与纤维的浸渍。此外，还需要添加一定的底板温度，防止打印过程中样件因冷却固化与结晶收缩产生翘曲变形。第 2 类参数，是在预浸丝制备过程中微螺杆挤出头单元与浸渍模具单元的关键工艺参数，主要包括螺杆转速 n 与口模出口直径 D_f。其中螺杆转速决定了供给浸渍模具物料的速度：速度过小，模具内树脂量不足容易造成浸渍不足；速度过大，树脂过多，容易从模具上端入口处溢出。需要说明的是由于螺杆设计时未考虑压力流对挤出流量的影响、加工误差等因素，所以导致实际挤出流量与理论挤出流量存在较大的差异，难以通过理论计算确定螺杆转速，前期主要通过探索性实验确定不同纤维束较为合适的螺杆转速。由于 3K-CCF/PA12 预浸丝中含有更多的树脂，为此需要较大的螺杆转速，口模直径决定了纤维预浸丝的直径大小。第 3 类为预浸丝打印过程中的工艺参数，打印时可以向 3D 打印头再额外添加树脂丝材与预浸丝一起成形复合材料零件，但由于预浸丝中已经含有树脂材料，为获得尽可能高的纤维含量，本节采用预浸丝直接打印而不再添加额外的树脂丝材，此时的工艺参数主要包括扫描间距 H、分层厚度 L、打印速度 v，根据体积相等的原则，工艺参数存在如下的关系：

$$\frac{\pi D_f^2}{4} = H \times L \qquad (4-1)$$

但有时预浸丝的直径可能会与口模出口直径有所差异，因此一般是在式(4-1)的基础上再结合实际测量的丝材直径，经过实验探索确定最佳的扫描间距与分层厚度。而对于打印速度，当预浸丝制备与打印一起进行时，打印速度的大小也代表了纤维束被拉出浸渍模具的速度，影响纤维束在浸渍模具的浸渍时间。1K 碳纤维束厚度小，容易发生浸渍，可选择较大的速度以保证打印效率，而 3K 碳纤维束厚度大，为了保证充分的浸渍时间往往选择相对较小的速度。

表 4-3　熔融浸渍纤维预处理工艺参数

类别	工艺参数	1K-CCF/PA12	3K-CCF/PA12
温度参数	压缩段/℃	250	
	计量段/℃	270	
	浸渍模具/℃	290	
	打印头/℃	290	
	打印底板/℃	80	
制备过程	螺杆转速 $n/(r/min)$	8	10
	口模出口直径 D_f/mm	0.4	0.6
打印过程	扫面间距 H/mm	1.5	1.8
	分层厚度 L/mm	0.1	0.15
	打印速度 $v/(mm/min)$	400	200

3) 纤维含量与力学性能

采用燃烧法(ASTM D3171-15)检测 1K-CCF/PA12 和 3K-CCF/PA12 复合材料中的纤维质量。在真空烧结炉内升温至 800℃ 并保温 6h，使 PA12 完全分解以获得碳纤维的质量，并利用以下公式计算得到碳纤维体积 V_f：

$$V_f = \frac{m_f}{m_c} \times \frac{\rho_c}{\rho_f} \tag{4-2}$$

式中：m_c 与 m_f 分别为复合材料样件与碳纤维质量；ρ_c 与 ρ_f 分别为复合材料样件与碳纤维密度，通过密度天平(DX-150，群龙)检测得到。

结果如表 4-4 所列，3K-CCF/PA12 复合材料的碳纤维体积含量达到了 50.2% 左右，较 1K-CCF/PA12 增加了 57% 左右。

表 4-4　1K-CCF/PA12 和 3K-CCF/PA12 复合材料碳纤维含量

材料体系	碳纤维密度 $\rho_f/(g/cm^3)$	样件密度 $\rho_c/(g/cm^3)$	碳纤维体积含量 $V_f/\%$
1K-CCF/PA12	1.2	1.18	31.9
3K-CCF/PA12	—	1.25	50.2

实验研究了 1K-CCF/PA12 与 3K-CCF/PA12 复合材料的力学性能，对于拉伸性能，主要分为纵向与横向拉伸两种情况，结果如图 4-19 所示。1K-CCF/PA12 的平均纵向拉伸强度与模量分别达到了 530.1MPa 和

54.8GPa，而 3K‑CCF/PA12 具有更加优异的纵向拉伸性能，分别达到了 735.7MPa 与 79.5GPa。对于横向拉伸性能，二者的横向拉伸性能都远远低于纵向拉伸性能，1K‑CCF/PA12 的横向拉伸强度与模量仅为 46.4MPa 与 2.8GPa，表现出复合材料典型的各向异性特征，3K‑CCF/PA12 的横向拉伸强度与模量分别为 33.6MPa 与 3.0GPa，较 1K‑CCF/PA12 不仅没有得到提升，特别是横向拉伸强度反而出现了较为明显的下降。进一步通过横向拉伸应力－应变曲线(图 4‑19(c))可知，1K‑CCF/PA12 横向弹性变形极限与断裂拉伸应变分别为 1.0% 与 2.3%，都高于 3K‑CCF/PA12 的 0.7% 与 1.4%，样件断裂时，裂纹非常平齐，都沿着平行于纤维的方向(图 4‑19(d))。说明纤维对复合材料的横向拉伸性能并没有明显的增强作用，3K 纤维束浸渍困难容易形成内部缺陷，不利于承受外部横向载荷。

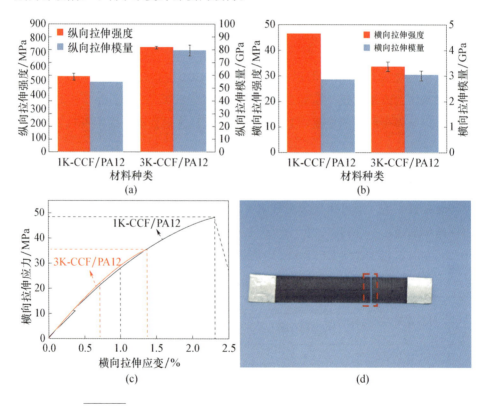

图 4‑19　1K‑CCF/PA12 和 3K‑CCF/PA12 复合材料拉伸性能

(a)纵向拉伸性能；(b)横向拉伸性能；
(c)横向应力－应变曲线 ；(d)横向断裂样件。

4) 复合材料微观结构

为观察不同碳纤维预浸丝及其复合材料的微观结构,采用镶样抛磨的方式制备试样,将获得的抛光试样再利用 SEM 电镜进行观察。不同碳纤维预浸丝束的微观结构如图 4-20 所示。1K-CCF/PA12 预浸丝实际直径为 0.45mm 左右,略高于口模出口直径,且丝材形状不规则,可能与牵引速度、模口设计等因素有关。但预浸丝中树脂与纤维几乎发生了完全的浸渍,仅在个别区域存在少量的孔隙缺陷,证明了熔融浸渍纤维预处理工艺的可行性。但由于预浸丝中树脂量偏多,导致纤维分布不均匀,存在明显的树脂与纤维富集区。对于 3K-CCF/PA12 预浸丝束,其具有相对规则的外部轮廓,且丝材直径接近 0.6mm,几乎与口模出口直径相同,原因可能是 3K-CCF/PA12 是在较低的牵引速度下制备的,其内部大部分树脂与纤维发生了浸渍,由于纤维含量高,浸渍区域的纤维分布相对均匀。但是 3K 纤维束厚度较大,仍然存在相对集中的纤维区域未发生浸渍,在预浸丝束承受拉伸载荷时,未浸渍的区域就容易发生纤维拔出的现象。

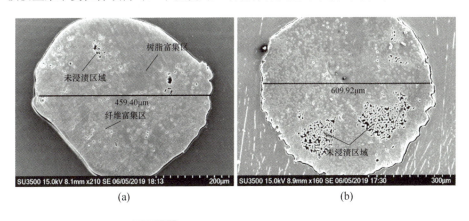

图 4-20 不同碳纤维预浸丝束微观结构
(a)1K-CCF/PA12;(b)3K-CCF/PA12。

1K-CCF/PA12 复合材料样件的微观结构如图 4-21 所示,与预浸丝束相同,树脂与纤维之间形成了良好的浸渍界面,但仍然存在相对独立的树脂与纤维富集区,形成了一定程度的"三明治"结构,内部孔隙缺陷几乎消失,只存在于极少数较为分散的区域。实际上,复合材料内部孔隙率原可以在利用燃烧法计算纤维含量的同时获得,但通过熔融浸渍预处理后复合材料内部孔隙非常少,由于实验误差的干扰,难以通过燃烧法获得准确的结果,为此本书采用图像处理的方式，利用 ImageJ 图像处理软件识别并提取出横截面内的孔隙分布云图(图4-21(c))，再通过面积分析得到面内孔隙率。1K-CCF/PA12 样件的面内孔隙率仅为 0.11% 左右，样件在断裂时只发生了有限程度的纤维拔出现象，说明外部载荷能够更加有效地传递给所有的增强纤维，使复合材料获得更加优异的力学性能。

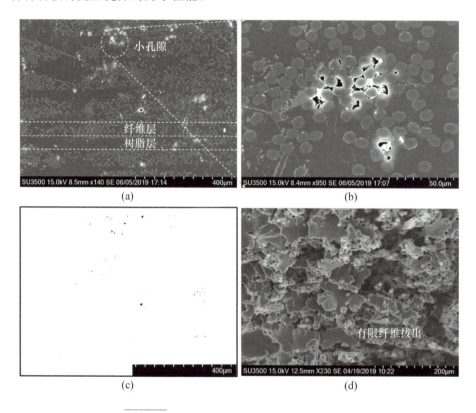

图 4-21　1K-CCF/PA12 复合材料微观结构

(a)整体浸渍界面；(b)局部孔隙；(c)孔隙率；(d)断裂模式。

3K-CCF/PA12 复合材料的微观结构如图 4-22 所示，受到预浸丝束的影响，内部仍然存在着相对较多且尺寸较大的孔隙缺陷，面内孔隙率达到了 2.5% 左右。样件断裂时，未浸渍的纤维发生了较大程度的纤维拔出现象，但由于大部分纤维发生了良好的浸渍，样件大部分的力学性能仍相对比较优异。但当样件承受横向拉伸载荷时，内部孔隙处将成为最为薄弱的区域，会在较小应力状态下首先发生破坏，并由于应力集中造成裂纹迅速扩展，反而会导致横向拉伸强度的下降。

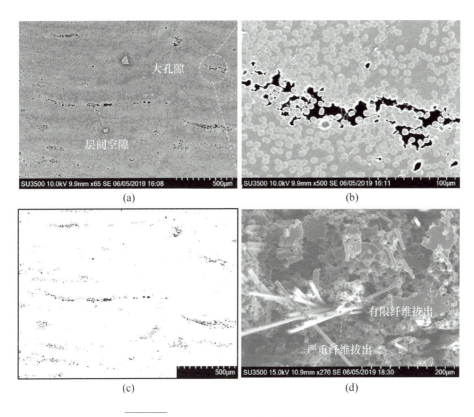

图 4-22 3K-CCF/PA12 复合材料微观结构

(a)整体浸渍界面;(b)局部孔隙;(c)孔隙率;(d)断裂模式。

2. 纤维表面上浆改性预处理

通过优化工艺参数、熔融浸渍制备纤维预浸丝等方式,能够改善增材制造连续纤维增强热塑性复合材料的浸渍界面、层间与线间结合界面。但在样件断裂时,拔出纤维的表面仍然比较光滑、无残留树脂,说明纤维与树脂之间的黏结强度较差,黏结界面性能差。黏结界面是复合材料完成载荷传递的主要载体,载荷通过黏结界面的剪切作用将外部载荷从基体传递给增强纤维,当该界面性能较弱时,会在较小剪切力作用下发生破坏导致纤维与树脂脱黏,外部载荷不能再继续传递给纤维,严重降低复合材料的力学性能,因此改善该黏结界面性能至关重要。但由于目前采用的纤维多为市面上商业化的干纤维束,大多数是针对热固性复合材料的,表面活性官能团少,呈现较强的化学惰性,与树脂分子的润湿性差,且表面往往存在一层热固性的环氧上浆层，热固性环氧与热塑性树脂的相容性差，无法产生分子扩散。而且，环氧上浆层还会降低纤维表面粗糙度，削弱与树脂的机械结合。因此采用目前的纤维会导致纳观尺度上黏结界面性能较差。可以借鉴传统复合材料成形工艺，采用纤维表面改性的方式对纤维进行预处理，以增加纤维表面活性。所采用的改性方式主要有上浆处理、表面氧化、接枝法等，其中上浆处理是最常用的一种方式，既能改善纤维表面活性，又能对纤维起到保护作用，防止在成形过程中纤维发生损伤。本书介绍利用上浆工艺对纤维进行预处理以获得适用于连续纤维热塑性复合材料挤出成形工艺的纤维预浸丝，以改善黏结界面的性能。

1）纤维上浆工艺

采用溶液浸渍的方式对碳纤维进行上浆，所采用的碳纤维型号为东丽T300-1K-50B，上浆剂为一种商业化的水溶性上浆剂——麦克门PA845H，该上浆剂采用尼龙单体为分散体，同时添加少量的表面活性剂、分散剂等助剂，对碳纤维具有良好的润湿性。同时由于该上浆剂与尼龙树脂具有相同的化学结构，因此与尼龙树脂有良好的相容性。利用该上浆剂对碳纤维进行上浆的工艺流程如图4-23所示。原始T300碳纤维表面存在热固性的环氧类上浆剂，因此首先利用丙酮对该碳纤维浸泡48h，以去除掉表面的环氧上浆剂，得到除胶碳纤维，之后利用去离子水清洗除胶碳纤维，在烘箱中烘干，再利用PA845H上浆剂对碳纤维表面浸泡12h进行二次上浆，二次上浆碳纤维表面粗糙，内部孔隙多，因此采用口模进行加热熔融，得到表面较光滑的碳纤维预浸丝，之后将该碳纤维预浸丝以及尼龙丝材作为原材料利用连续纤维热塑性复合材料挤出成形工艺进行打印得到复合材料零件。

2）表面组分与形貌检测

原始碳纤维（VCF）及上浆碳纤维（SCF）表面组分检测结果如图4-24所示。首先利用TGA检测原始碳纤维在除胶前后的重量损失以表征丙酮除胶的效果，如图4-24（a）所示。原始碳纤维除胶之前的热重损失为5.3%，除胶之后的热重损失为3.2%，表明丙酮除胶的方式能够去除纤维表面的环氧上浆剂。但除胶后的纤维表面仍有部分上浆剂残留并不能完全去除，更理想的方式是采用未上浆的纤维直接进行表面预处理。利用FTIR检测原始碳纤维与上浆碳纤维表面组分以表征溶液浸渍的效果，如图4-24（b）所示。两种纤维在 2920cm^{-1} 和 2850cm^{-1} 附近的吸收峰对应于甲基和亚甲基中的 C—H 拉伸振动。对于 VCF，1250cm^{-1}、915cm^{-1} 和 830cm^{-1} 处的环氧振动峰说明上浆剂为环氧化合物，位于 3420cm^{-1} 处的环氧振动峰为 O—H 的拉伸振动峰。1640cm^{-1} 和 1540cm^{-1} 处的两个强峰分别归属于酰胺基中典型的 C=O 伸缩振动（酰胺Ⅰ）和 N—H 弯曲振动（酰胺Ⅱ）。3300cm^{-1} 处的峰对应于酰胺基的 N—H 伸缩振动。所有这些吸附峰都是酰胺官能团的特征峰，表面通过上述上浆工艺在碳纤维表面成功形成聚酰胺涂层。

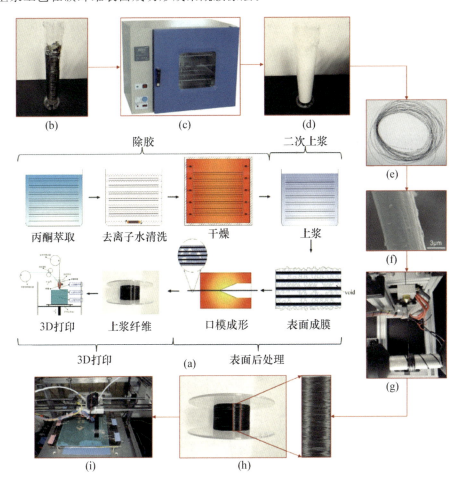

图 4-23　上浆表面改性纤维预处理工艺原理与实验平台
(a)工艺原理；(b)、(c)除胶；(d)、(e)二次上浆；
(f)上浆碳纤维表面；(g)、(h)表面后处理；(i)增材制造。

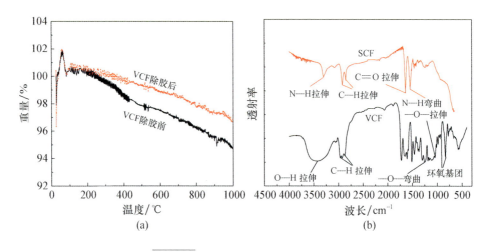

图 4-24　VCF 与 SCF 表面组分检测

(a)TGA 检测丙酮除胶；(b)FTIR 检测表面官能团。

此外，利用扫描电镜对两种纤维的单根表面形貌进行检测，并观察上浆纤维束的横截面微结构，如图 4-25 所示。对比图 4-25(a)与图 4-25(b)发现，VCF 与 SCF 表面形貌有明显差异，VCF 在聚丙烯腈前驱体湿法纺丝过程中沿纵向形成平行的沟槽，但在上浆处理之后，沟槽被填充，碳纤维表面被聚酰胺包覆，获得连续上浆层。图 4-25(c)为上浆纤维束的横截面微结构，发现在纤维束单根纤维之间也存在树脂材料，说明上浆工艺不仅能在纤维表面形成上浆层，同时也能对纤维束起到浸渍的效果，液体上浆剂内存在的助剂能够进一步促进尼龙分散体浸渍纤维束的能力，但纤维束内部仍然存在一些孔隙缺陷。

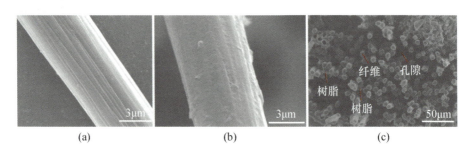

图 4-25　纤维形貌检测

(a)VCF 单根表面形貌；(b)SCF 单根表面形貌；(c)SCF 纤维束截面微结构。

3)复合材料力学性能

采用连续纤维增材制造工艺,分别以原始碳纤维(VCF)与上浆碳纤维(SCF)增强 PA6 复合材料(VCF/PA6、SCF/PA6)为原材料,选择打印工艺参数为 $H1.0mm$、$L0.3mm$,所制备的复合材料力学性能如图 4-26 所示。层间剪切强度(ILSS)从 VCF/PA6 的 18.04MPa 增加到 SCF/PA6 的 25.65MPa。ILSS 是对复合材料层间结合界面以及纤维与树脂结合界面的一个综合表征,该性能的增加说明上浆工艺既能改善复合材料的黏结界面,又能改善其层间与线间结合界面。此外,SCF/PA6 复合材料的弯曲、拉伸与冲击性能都有不同程度的提升,特别是弯曲强度与模量分别有 82% 与 246% 的大幅度提升,证明了上浆工艺对提升界面性能的有效性。

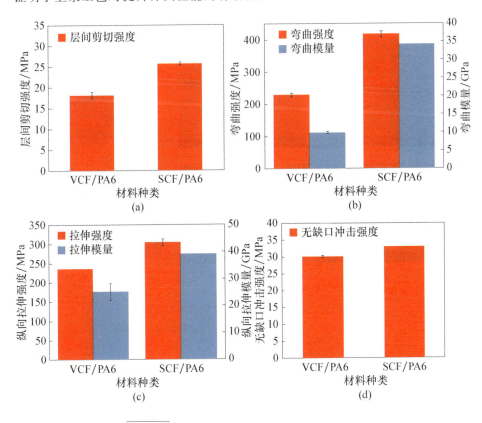

图 4-26 VCF/PA6 与 SCF/PA6 力学性能对比

(a)层间剪切强度;(b)弯曲性能;
(c)纵向拉伸性能;(d)冲击强度。

4)复合材料微观结构

VCF/PA6 与 SCF/PA6 的界面结构与断裂模式如图 4-27 所示。对比图 4-27(a)与图 4-27(d)发现 VCF/PA6 纤维束未发生浸渍,浸渍界面差,而 SCF/PA6 纤维束发生了完全浸渍,说明上浆工艺能够提升增材制造复合材料的浸渍界面。对比图 4-27(b)与图 4-27(e)发现 VCF/PA6 断裂时拔出纤维表面光滑,而 SCF/PA6 拔出纤维表面有残留树脂,说明 SCF 与 PA6 树脂的黏结强度提高,证明了上浆工艺能够改善增材制造复合材料黏结界面。对比图 4-27(c)和图 4-27(f)发现,VCF/PA6 样件断裂时发生层间剥离现象并伴随着大量的纤维拔出,而 SCF/PA6 样件断裂时无分层现象,首先发生了有限的纤维脱黏拔出,之后纤维与基体发生断裂,证明了上浆工艺能够改善增材制造复合材料的层间与线间结合界面。

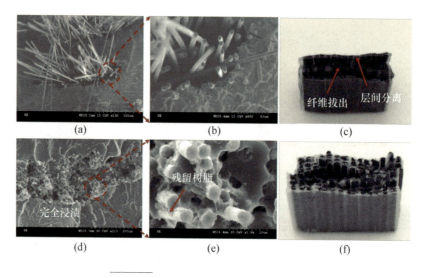

图 4-27 复合材料界面结构与断裂模式
(a)、(b)、(c)VCF/PA6;(d)、(e)、(f)SCF/PA6。

4.3.3 激光、等离子辅助界面优化

1. 弱界面形成机理

目前市场上使用的连续纤维几乎都可以和不同的热塑性树脂结合,用于连续纤维复合材料的挤出成形增材制造。碳纤维(CF)因为极高的耐温耐腐蚀性能

和优异的抗拉压力性能，尤其受到研究学者及产业应用者的青睐。在碳纤维生产过程中，为了使 CF 更容易成束，易于二次复合加工，现有的生产线都会在 CF 束的表面包裹一层环氧类的热固性树脂，从而避免 CF 的表面发毛易断、保证 CF 的稳定运输及可靠使用。目前，利用环氧类热固性树脂辅助 CF 成束已经是国际上使用非常成熟的工艺。这一工艺使用之初，主要面向的同样是利用热固性树脂作为胶结剂与 CF 复合形成复合材料的工艺，例如 CF/环氧树脂复合材料的热压、铺带工艺等。而随着具有更复杂结构零部件的多应用需求产生，基于热塑性树脂作为胶结剂的连续碳纤维复合材料的制备工艺也日渐兴起，其中又以聚醚醚酮（PEEK）等高强度、耐高温、耐腐蚀的超级工程塑料最为瞩目。

如图 4-28 所示，在未镀环氧类树脂的情况下，CF 已被报道与 PEEK 有着良好的结合性能。然而随着辅助 CF 成束的热固性环氧类树脂在 CF 表层的包裹，使得 CF 束和熔融后的热塑性 PEEK 直接接触时，因为性质差异无法形成有效的结合界面。尤其是在进行连续碳纤维增强聚醚醚酮（CCF/PEEK）复合材料挤出成形制造的时候，CF 和熔融态 PEEK 的短暂接触更是加剧了 CF-PEEK 弱结合界面的形成。为了改善性质差异较大的热固性环氧树脂和热塑性 PEEK 之间的结合强度，通过引入适当的工艺方法进行某一侧的改性处理是目前最迫切、最恰当的问题解决思路。

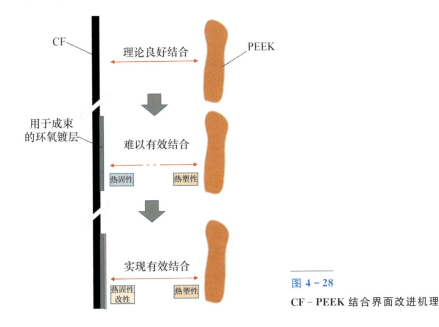

图 4-28
CF-PEEK 结合界面改进机理

如图4-29所示，随着环氧树脂在CF表面的上浆，极大程度上降低了CF用于复合材料制备过程中的发毛、纤维断裂等现象的发生，从而提高了使用可靠性，降低了批量化使用的成本。但与此同时，也给CCF/PEEK复合材料制备带来了结合性能降低的挑战。新工艺的应用需要满足低成本、高可靠性的同时，还需要满足CF-PEEK有效结合强度的保证。结合图4-28所示的改进机理，来自西安交通大学的研究团队提出的在CCF/PEEK复合材料挤出成形过程中的碳纤维等离子体处理工艺（以下简称等离子处理）提供了很好的解决思路。

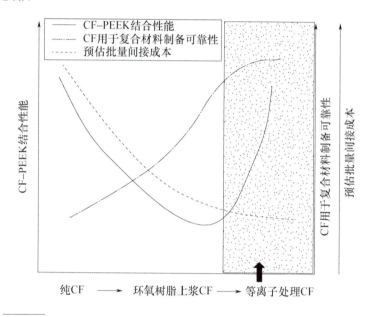

图4-29 不同工艺处理CF用于CCF/PEEK复合材料挤出成形综合评估

2. 等离子处理工艺方法及性能

等离子处理是在两组电极上施加足够高的电压，在电极间形成强电场，在强电场的作用下，目标气体产生流光放电和局部电离，通过击打在预处理材料表面上实现材料表面的物理清洁，同时产生大量活性因子和自由基进行化学改性的过程。截至目前，已有部分研究人员聚焦于将等离子处理工艺方法用于PEEK或CCF/PEEK复合材料的制备或测试中，其中部分研究也曾致力于探索等离子体对CF的处理作用，但是基本都致力于提升CF与环氧树脂的结合界面。针对CCF/PEEK复合材料挤出成形制造过程中CF-PEEK的界面提升，等离子处理同样巧妙地提供了一个优化工艺方法。如图4-30所示，在预浸渍过程中，通过等离子处理的引入对镀有环氧树脂的碳纤维束实现实时处理，而后与PEEK结合形成预浸丝，可用于后续材料挤出成形增材制造工艺中。

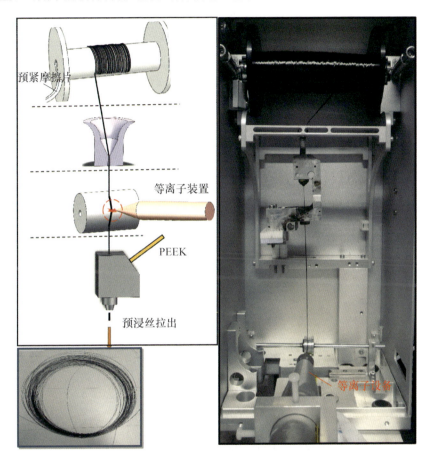

图4-30　等离子处理工艺装置图

为了进一步表征CCF/PEEK复合材料制件的性能，通过打印(图4-31(a))的标准制件，进行单向纤维排布的层间剪切强度(ILSS)测试(图4-31(b))。由于CF和PEEK的弱结合界面而引起的内部孔隙缺陷扩张，使得挤出成形制备的单向纤维排布CCF/PEEK复合材料制件更容易发生层间剥离失效，因此使用ILSS来表征宏观性能的优化。通过测试得出，相比未进行等离子处理的制件，其ILSS最高可提升约70%，达到10MPa以上。等离子处理对于CCF/PEEK复合材料制件的打印过程也有着非常显著的优化。等离子处理前(图4-31(e))，

CCF/PEEK 的成形过程中极易出现层间及线间的剥离,从而难以保证制件过程顺利进行;等离子处理后(图 4-31(d)),CCF/PEEK 复合材料制件的制备过程更为顺利,且在标准样件切割及测试前未出现明显的线间及层间剥离现象。通过对比等离子处理前后 CCF/PEEK 复合材料制件截面图(图 4-32),可以发现 CF-PEEK 间隙有效缩小,有效界面初步形成。

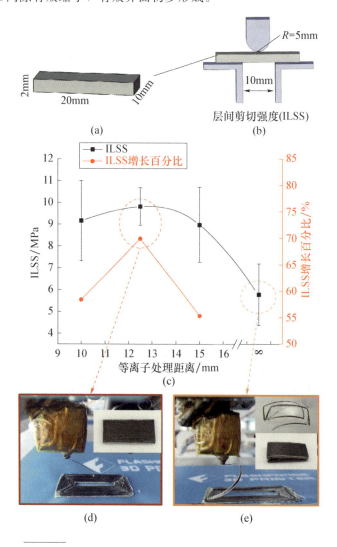

图 4-31 等离子处理对 ILSS 及材料挤出过程的影响对比
(a)标准试样;(b)ILSS 测试方法;(c)ILSS 测试结果;
(d)处理后打印示意图;(e)处理前打印示意图。

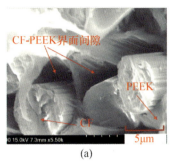 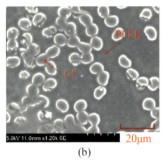

图 4-32 等离子处理前后 SEM 图对比

(a)处理前；(b)处理后。

等离子处理对于 CCF/PEEK 复合材料制件 CF–PEEK 界面作用可通过其对 CF 表面的物理作用和化学作用两部分来解释。如图 4-33 所示，通过 XPS 对比测试发现，碳纤维表面的 O、N 等元素含量明显提升，而 Si 等杂质元素含量降低，这可以解释为表层含 O 和含 N 官能团的增加有益于极性相差较大的环氧和 PEEK 形成有效结合界面。通过观察 SEM 图发现，一方面等离子处理能够减少纤维表层杂质；另一方面等离子表面处理能打散原先整齐排布的纤维束并增加纤维表面的沟壑（图 4-33（d）和 4-33（e）），从而有利于 PEEK 对纤维束的熔融浸渍并大幅提升 PEEK 基体与纤维的浸渍界面。

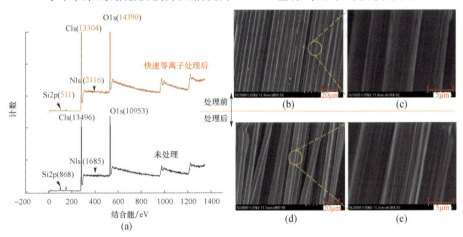

图 4-33 等离子处理对 CF 表面的处理效果

(a)XPS 测试结果；(b)处理前碳纤维电镜图；(c)处理前碳纤维电镜放大图；
(d)处理后碳纤维电镜放大图；(e)处理后碳纤维电镜放大图。

3. 激光辅助预热用于层间结合界面优化

1) 层间弱结合界面形成机理(图 4-34)

因层间温差过大而导致的弱层间结合性能是影响材料挤出成形复合材料性能最直接的因素。而这类影响对于高熔点的热塑性树脂基体更为明显。以连续碳纤维增强聚醚醚酮基(CCF/PEEK)复合材料为例,如图 4-34 所示,在挤出成形过程中的层间结合点处挤出层温度约 280℃,而已成形层温度约 110℃,明显低于玻璃化转变温度(T_g = 143℃)。此时已成形层过冷的温度抑制了已成形层与挤出层之间的有效层间结合以及分子链渗透。PEEK 作为一种半晶态的超强工程塑料,部分研究人员尝试利用环境或大面积热处理的方法来提升其层间结合强度。然而,大面积的热处理很容易导致 PEEK 大量的结晶而引起体积收缩,影响制件的整体力学性能。利用激光进行实时预热,从而有效地在小范围内提升层间结合点的结合温度,为高熔点树脂及其复合材料的挤出成形制造提供了有效的性能提升方法及思路。

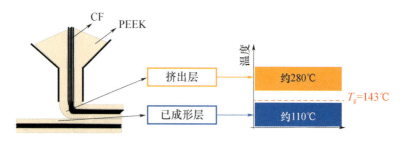

图 4-34 CCF/PEEK 复合材料挤出成形弱层间结合界面形成机理

2) 激光辅热层间界面优化工艺方法及性能

PEEK 等高分子聚合物对于激光有着非常宽的可吸收波长范围,目前常见的、小功率的二氧化碳激光器(波长约 10600nm、40W)和连续光纤激光器(波长约 1070nm、50W)都能够有效提高层间结合点的温度。相比较而言,二氧化碳激光器成本低,但激光反射镜排布路径规划较为复杂且输出功率不稳定;光纤激光器虽然集成简单且输出稳定,但相较来说成本较高。因此,针对不同的打印机应当有倾向性的集成需求。对于打印机喷头固定且在平台运动的打印机来说,低成本的二氧化碳激光器性价比较高;而对于喷头模块在 XOY 平面内运动的打印模式来说,连续光纤激光器可靠性更佳。如图 4-35

所示，光纤激光器集成于打印喷头模块之上，并用热成像仪监测不同打印参数下的结合点温度用于优化参数。

图 4-35 光纤激光器集成 CCF/PEEK 复合材料挤出成形示意图

以图 4-36(b)所示的回字状 CCF/PEEK 复合材料制件作为打印对象，对其中一条长边（Ⅲ）施加激光辅热，而另外三条边（Ⅰ、Ⅱ和Ⅳ）无激光辅热。最终在边Ⅰ和边Ⅲ上切割出标准的长方体样件用于进行 ILSS 测试。每条边的温度通过热成像仪对应监测（图 4-36(a)），监测其温度是否能够高于玻璃化转变温度（T_g）且低于易老化温度（T_d），落在温度理想区间（图 4-36(c)）。

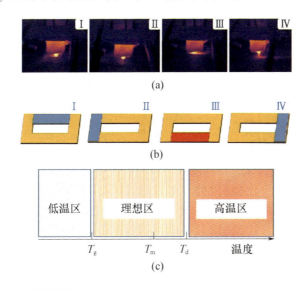

图 4-36 样件示意图及对应温度监测热成像分析
(a)不同边热成像图；(b)不同边加热示意图；(c)温度区间划分。

通过控制打印速度和激光功率能够有效调节激光预热过程中的热积累。如图 4-37 和图 4-38 所示，分别为改变激光功率及打印速度时热成像仪的温度监测数据及 ILSS 的测试结果曲线图。如图 4-37 所示，随着激光功率提升，预热温度不断提高，当激光功率为 10W 时，预热温度达到理想温度区的最大温度，此时 ILSS 也达到最大的 28MPa(图 4-37(b))。如图 4-38 所示，随着打印速度提高，预热温度不断降低，当打印速度为 90mm/min 和 120mm/min 时，预热温度最大，且相差较小。

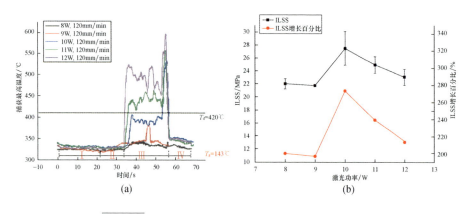

图 4-37　不同激光功率下温度监测及 ILSS 测试结果
(a)温度曲线；(b)ILSS 测试结果。

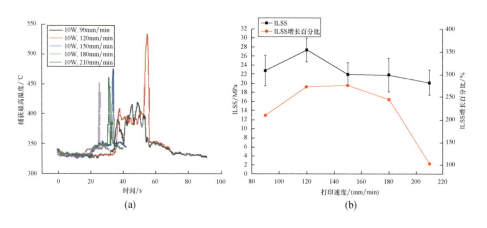

图 4-38　不同打印速度下温度监测及 ILSS 测试结果
(a)温度曲线；(b)ILSS 测试结果。

如图 4-39 所示，通过改变线间距和层厚能够实现纤维质量分数的调控，当控制激光功率为 10W、打印速度为 120mm/min 时，ILSS 和制件纤维质量分数呈现明显的正相关关系。当纤维质量分数接近 40% 时，ILSS 最高可达到

35.6MPa。此时，CCF/PEEK 复合材料挤出成形制件的抗弯和抗冲击等力学性能如图 4-40 所示，明显优于现有各种铝合金的力学性能。

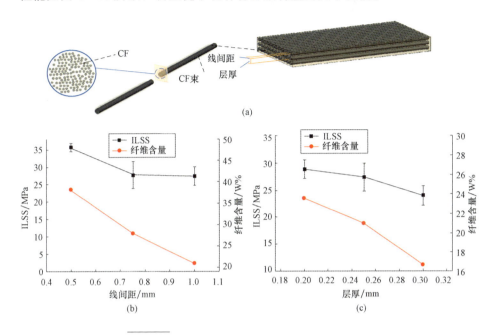

图 4-39　不同纤维含量下 CCF/PEEK 力学性能

(a)纤维分布示意图；(b)线间距对 ILSS 的影响；(c)层厚对 ILSS 的影响。

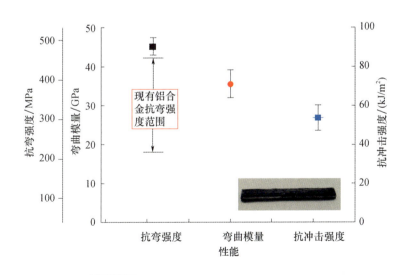

图 4-40　CCF/PEEK 复合材料综合力学性能

4.4 增材制造连续纤维增强复合材料回收再利用

复合材料越来越广泛的应用伴随着大量复合材料废弃物的产生，仅2014年全球碳纤维产量就达到10万t，这些复合材料被废弃后如果不进行回收再利用会造成严重的环境污染与资源浪费，特别是对于目前市场占有量最大的纤维增强热固性复合材料，其固化后形成交联的三维网状结构，一般不溶于溶剂，无法自然降解，会对环境造成极大的负担。传统的掩埋焚烧方法已逐渐被禁止，近些年来产生的较为有效的复合材料回收方法主要有机械回收、高温热解回收和化学回收等工艺，但这些工艺仍然存在以下缺点：①对于热固性复合材料需要高温高压等比较苛刻的条件，使得回收成本增加；②回收过程往往伴随物理粉碎的过程，使得纤维性能被破坏，回收得到的材料只能降级使用，无法实现复合材料高性能回收再利用。因此，开发可回收的热塑性复合材料以及低成本、绿色、高性能复合材料回收工艺成为促进复合材料可持续发展的当务之急。

本节介绍一种针对连续纤维增材制造工艺的复合材料回收工艺，它是在增材制造成形机理以及成形复合材料零件特征的基础上创新得到的。分析连续纤维增强热塑性复合材料挤出成形工艺机理可知，该工艺实现了复合材料零件的制备与成形一体化，复合材料的制备是在喷嘴内部熔融树脂浸渍纤维束形成的，制备的复合材料增强纤维束被熔融树脂包裹，然后该复合材料从喷嘴出口处挤出沉积在已成形零件上，由于纤维束被树脂包裹，因此成形的复合材料零件中相邻沉积行之间的结合是通过包裹在外围的树脂进行连接的，彼此内部的连续纤维相互独立形成孤岛并不直接接触。同时，增材制造采用层层堆积的方式成形三维零件，在打印过程中可通过控制打印头的打印路径来精确控制连续纤维铺放位置与方向，使得增强纤维在复合材料零件中连续有序地排列。因此，利用连续纤维增材制造工艺成形的复合材料零件具有两个明显的特征：一是纤维束的独立性；二是纤维路径的可设计性与有序性。同时热塑性树脂基材料是一种热可逆材料，可经过反复加热熔融，分子结构基本上不发生变化，并且该工艺从开始打印到打印结束始终采用一束连续纤维，以上的成形特点与零件特征，为连续纤维增材制造复合材料零件沿着逆打印方向、通过加热熔融热塑性树脂基体的方式将连续纤维从基体中抽离出来提供了可能性。

4.4.1 回收再利用工艺原理

连续纤维增强复合材料增材制造回收再利用技术的工艺原理与实验平台如图4-41所示，主要分为熔融抽丝、口模成形、二次打印3个过程。首先熔融抽丝过程中局部高温环境场在运动机构带动下沿逆打印路径不断运动，处于环境场内复合材料段的基体材料就会融化形成一小段熔融区，在拉力装置作用下该熔融区的纤维被拉出，随着温度场的不断移动，纤维不断地从回收工件中抽离出来。在抽离过程中连续纤维表面会黏附一些树脂丝材，使得回收丝材表面质量较差，因此在抽离出来后需经过口模重新成形，在口模中树脂材料重新融化与连续纤维复合后，从口模中挤出形成表面较光滑的复合材料预浸丝，该预浸丝缠绕在纤维丝盘上进行保存。二次打印过程是以回收得到的复合材料预浸丝作为增强纤维送入3D打印头内，同时送入新的热塑性树脂丝材，在打印头内预浸丝与树脂熔融浸渍后挤出堆积重新成形复合材料零件。本章以CCF/PLA的薄壁圆筒零件作为典型案例进行分析，如图4-41(b)所示。采用非接触式热风枪在出口处形成小型的高温环境场，由于薄壁圆筒属于规则的回转体结构，运动机构采用回转平台带动复合材料构件按照3D打印路径进行逆向运动，如图4-41(c)所示，采用传统材料挤出打印喷头作为预浸丝成形口模，如图4-41(d)所示，初步完成了对该薄壁圆筒的回收得到了CCF/PLA的预浸丝，如图4-41(e)所示，将预浸丝与新的PLA树脂丝材作为原材料经过连续纤维增材制造工艺进行二次打印得到新的复合材料零件，如图4-41(f)所示。

在连续纤维增强复合材料增材制造回收再制造过程中存在众多工艺参数，本章以上述实验平台与薄壁圆筒零件为例，通过工艺优化确定了一组较为合适的工艺参数，如表4-5所列。原始打印的工艺参数根据前期工艺实验选择合适的组合，而在回收过程中，利用红外热像仪检测热风枪出口处的温度场分布，再结合PLA的熔融温度得到热风枪温度T_2较合适的范围为350~380℃左右。温度太低，回收零件表面的实际温度会比较低，同时抽丝速度比较快，熔融树脂在较短时间内很难吸收足够的热量进行融化，温度太高树脂容易老化。抽丝速度V指的是旋转工作台以及拉力辊的线速度，该速度越大，回收效率越高，能量消耗越少，但当速度过大时，较短时间内树脂来不及融化纤维就受到拉力作用容易将纤维拉断，经验证最合适的抽丝速度为 200mm/min 左右。在口模成形过程中最主要的参数为口模加热块温度 T_1 以及喷嘴出口直径 D。经实验验证，回收 CCF/PLA 圆筒时，合适的口模加热块温度为 240℃，稍微高于原始打印温度，主要原因是为了提高树脂的流动性，促进其浸渍纤维束的能力。喷嘴出口直径选择 0.8mm，该出口直径小于打印喷嘴直径。一方面可以加大挤出时的压力，提高回收预浸丝纤维与树脂的浸渍程度；另一方面可以将纤维上一部分树脂分离出来，因为回收时在多次热作用下树脂发生老化，过多的老化树脂在进行二次打印时可能会降低零件的性能。在二次打印过程中，大部分打印工艺参数不需要发生变化，但由于回收复合材料预浸丝存在一部分树脂，因此需要适当降低二次打印过程中的吐丝速度 E，经验证，较合适的吐丝速度 E 为 80mm/min 左右。

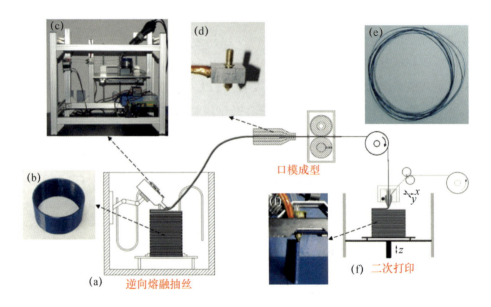

图 4-41　连续纤维增强热塑性复合材料增材制造回收再利用工艺原理与实验平台

(a)工艺原理；(b)原始打印薄壁圆筒；
(c)热风枪与旋转平台；(d)口模；
(e)回收预浸丝；(f)二次打印。

表 4-5 连续纤维增强热塑性复合材料增材制造回收再制造工艺参数

工艺参数	工艺过程		
	原始打印	回收过程	二次打印
扫描间距 H/mm	1	—	1
分层厚度 L/mm	0.5	—	0.5
打印速度或抽丝速度 V/(mm/min)	100	200	100
送丝速度 E/(mm/min)	100	—	80
打印头温度 T_1/℃	210	240	210
喷嘴出口直径 D/mm	2	0.8	2
热风枪温度 T_2/℃	—	350~380	—

4.4.2 回收再利用复合材料界面与性能

在传统纤维复合材料回收工艺中，回收过程往往对纤维性能产生较大的损害，使得回收得到的纤维不能再次用于高性能零件的制造，只能降级使用，因此回收纤维的再使用性能是衡量一个纤维回收工艺最为重要的指标，为此本章节对连续纤维增强热塑性复合材料增材制造的回收再制造过程进行了综合的评估。

1. 力学性能

原始打印与回收再制造的复合材料试样的拉伸强度与模量对比如图 4-42 所示。CCF/PLA 回收再制造试样的平均拉伸强度达到 265MPa，高于纯 PLA 的 62MPa 以及 CCF/PLA 原始打印的 256MPa，拉伸弹性模量达到 20.6GPa，高于纯 PLA 的 4.2GPa，略高于 CCF/PLA 原始打印的 20.4GPa。

原始打印与回收再制造的复合材料试样的平均弯曲强度与模量对比如图 4-43 所示。CCF/PLA 回收再制造试样的平均抗弯强度达到 263MPa，高于纯 PLA 的 98MPa 以及 CCF/PLA 原始打印的 210MPa，抗弯弹性模量达到 13.3GPa，高于纯 PLA 的 3.9GPa，略低于 CCF/PLA 原始打印的 14.5GPa。

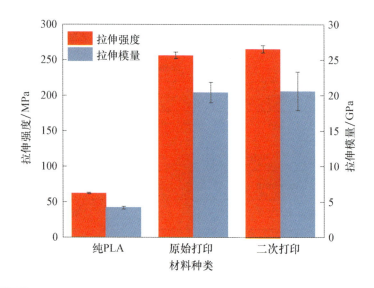

图 4-42 纯 PLA、CCF/PLA 原始打印与 CCF/PLA 回收再制造拉伸强度与模量

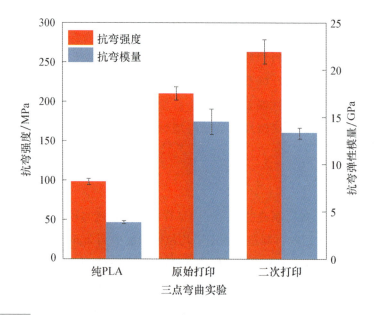

图 4-43 纯 PLA、CCF/PLA 原始打印与 CCF/PLA 回收再制造抗弯强度与模量

原始打印与回收再制造的复合材料试样平均冲击强度对比如图 4-44 所示。CCF/PLA 回收再制造试样的平均冲击强度达到 38.7kJ/m^2,高于纯 PLA 的 CCF/PLA 原始打印的 20.0kJ/m^2 以及 CCF/PLA 原始打印的 34.5kJ/m^2。

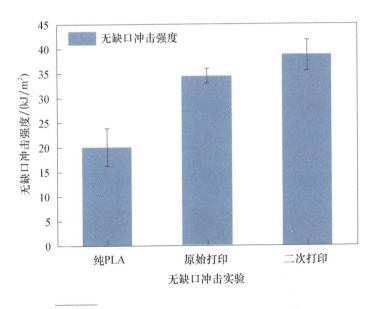

图 4-44 纯 PLA、CCF/PLA 原始打印与 CCF/PLA
回收再制造无缺口冲击强度

通过对比 CCF/PLA 回收再制造试样与纯 PLA、CCF/PLA 原始打印试样的力学性能发现，CCF/PLA 回收再制造标准试样的抗弯强度、拉伸强度和冲击强度较 CCF/PLA 原始打印的强度没有出现下降的现象，并且都有所提高。其中弯曲强度提升最为明显，提高了 25% 左右，拉伸强度与冲击强度仍基本保持原来的水平，提升不明显。再制造试样力学强度提升的原因主要有两个：第一个是该回收工艺通过加热熔融 PLA 的方式直接将连续纤维从基体中抽离出来，保证了纤维的连续性，同时加热温度最高达到 380℃，且回收过程不需要使用化学溶剂，对纤维表面不会产生影响，因此回收得到的 CCF/PLA 预浸丝仍保持高强度、高模量的优异性能，连续纤维的高保性能够保证再制造零件力学性能不会下降；另一个原因是回收复合材料预浸丝中树脂与纤维的浸渍程度增加，单丝性能提升使得力学性能提升。拉伸强度提升不明显的原因是拉伸过程中纤维的连续性起到主要的作用，复合材料界面不起主导作用。弯曲强度提升明显的原因是弯曲过程中界面性能起到主导作用。同时，再制造试样的抗弯模量与拉伸模量仍保持原来的水平只是抗弯模量稍有下降。模量下降的主要原因是树脂基体 PLA 受热老化，针对这个原因，进一步研究了再制造试样的微观结构与基体老化性能。

2. 微观结构

利用扫描电镜观测了回收 CCF/PLA 复合材料预浸丝的界面性能,并与原始打印复合材料单丝的界面性能进行了对比,发现回收得到的 CCF/PLA 复合材料预浸丝 PLA 树脂几乎完全浸渍到纤维束内部,如图 4-45(b)所示。而原始打印的复合材料单束丝材中,PLA 只浸渍了纤维束外层的纤维,导致 CCF/PLA 界面结合性能差于预浸丝束,如图 4-45(a)所示。因此回收预浸丝的力学性能好于原始打印单丝的力学性能。

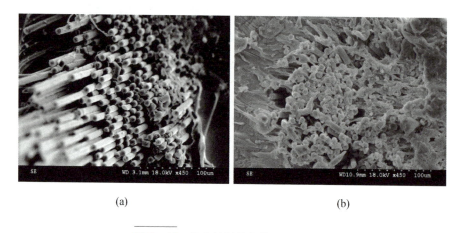

图 4-45 复合材料单丝微观结构对比

(a)原始纤维;(b)回收预浸丝。

复合材料单束丝材浸渍效果的好坏直接决定了增材制造成形零件界面结合性能的好坏,通过对原始打印与二次打印抗弯试样横截面电镜照片的对比发现:二次打印最终成形的零件具有优异的 CCF/PLA 界面结合性能,如图 4-46(a)和图 4-46(b)所示;二次打印成形的零件优于原始打印试样的 CCF/PLA 界面结合性能,如图 4-46(c)和图 4-46(d)所示。

二次制造 CF/PLA 试样微观结构的改善,也使得试样的断裂模式发生变化。图 4-46(c)为原始打印试样断裂形式,图 4-46(f)为二次打印试样的断裂形式,对比可知,原始打印的试样断裂时有纤维拔出的现象,而再制造试样断裂时完全为纤维与基体同时断裂,没有出现纤维拔出的现象。进一步说明了再制造试样纤维与基体的浸渍程度增加,界面结合性能得到了改善,力学性能得到了提高。

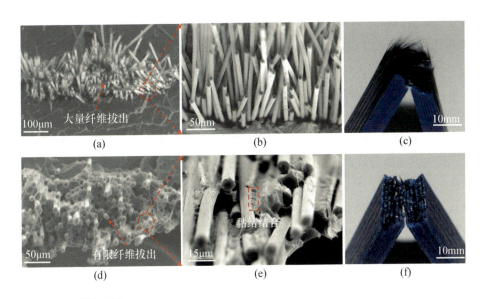

图 4-46 不同过程 CCF/PLA 复合材料试样微观结构与断裂模式

（a）、（b）、（c）原始打印；（d）、（e）、（f）二次打印。

3. 基体材料老化性能

根据对连续纤维增材制造工艺参数实验的研究可知，温度、压力与纤维含量是影响 3D 打印复合材料力学性能的主要因素。温度与压力主要通过促进 PLA 的熔融流动，使其浸渍纤维的程度提高，进而改善界面结合性能来提高零件的力学性能。对于回收再制造工艺，该过程中没有额外施加压力条件，但存在多个过程的温度条件，包括抽丝过程中热风枪熔融温度 350℃、口模成形温度 240℃、再制造温度 210℃ 等，多次热循环作用可能会使 PLA 发生老化分解，导致 PLA 分子量发生变化。分子量的高低也会影响熔融 PLA 的流动性，分子量越小流动性越高，浸渍纤维的能力越强，与纤维的界面结合能力越好。利用凝胶色谱法（GPC）分析了不同时刻 PLA 树脂的分子量分布，包括原始未打印 PLA、原始打印加热挤出 PLA、口模回收 PLA、再制造加热挤出 PLA 4 个时刻。原始未打印 PLA 为未经任何打印加热过程的高分子材料；原始打印加热挤出 PLA 为经过打印头加热 210℃ 后熔融挤出的高分子材料，其分子量的高低影响原始打印过程中树脂浸渍纤维的程度；口模回收 PLA 为抽丝过程中黏附在纤维表面的树脂材料，经过了 350℃ 与 240℃ 的温度作用，其分子量的高低影响回收 CF/PLA 复合材料预浸丝的界面性能；再制造加热挤出 PLA 为新的 PLA 树脂与预浸丝上树脂的混合材料。

利用凝胶色谱法(GPC)测得的各个时刻 PLA 分子量的分布曲线如图 4-47 所示。对比发现，原始未打印 PLA 与原始打印加热挤出 PLA 分子量分布曲线相差不大，主要原因是此时 PLA 只经过了加热块 210℃ 短暂的加热，熔融过程不会造成 PLA 大分子链的断裂。口模回收 PLA 相比于原始未打印 PLA 低分子量比例上升，高分子量比例下降，原因是口模回收 PLA 经过了 210℃ 原始打印加热、350℃ 的高温抽丝加热以及 240℃ 口模回收加热多个加热过程，导致部分 PLA 大分子链逐渐断裂产生了大量的低分子量 PLA，低分子量的 PLA 更容易浸渍到纤维束内部，使得预浸丝束的 CF/PLA 界面结合性能提高，最终使得再制造零件的力学性能提高。口模成形过程使得一部分原始 PLA 残留下来，而另一部分被 CF/PLA 预浸丝带走，在二次打印过程中与新 PLA 混合成为再制造零件的基体材料。因此再制造加热挤出 PLA 由于含有新 PLA 使得大分子量比例上升，新 PLA 大分子量的加入有助于提高基体的承载能力。

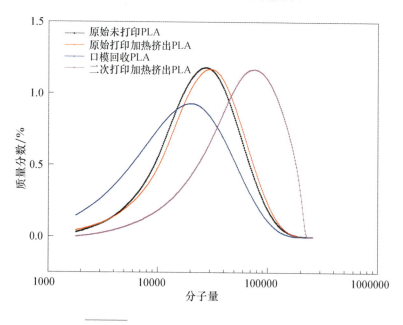

图 4-47 不同时刻 PLA 树脂分子量分布曲线

利用凝胶色谱法(GPC)还可计算不同时刻 PLA 的平均分子量，如表 4-6 所列。据表可知原始未打印 PLA 与原始打印加热挤出 PLA 各项平均分子量差别不大，而口模回收 PLA 各项平均分子量均下降较多，主要原因是低分子量比例增加，而由于再制造过程加入新 PLA 使得再制造加热挤出 PLA 各项平均分子量均有所提升，该分子量是旧 PLA 与新 PLA 综合的效果。不同时刻平均分子量的高低进一步证明，回收过程的多次热循环作用使得 PLA 发生分解，低分子量的 PLA 促进了预浸丝 CF/PLA 界面结合性能，使得再制造零件的力学性能得到提升。

表 4-6 不同时刻 PLA 树脂平均分子量

分子量	原始未打印 PLA	原始打印 加热挤出 PLA	口模回收 PLA	二次打印 加热挤出 PLA
数均分子量 M_n	60159	51331	21822	34314
重均分子量 M_w	116193	108650	58017	70368
黏均分子量 M_v	107473	100345	51877	65559

综上所述，通过对连续纤维增强复合材料增材制造回收再制造试样性能的研究发现，回收过程热循环作用导致 PLA 树脂分子发生分解，平均分子量减小，使得 PLA 流动性增加，增强了其浸渍纤维的能力，最终使回收得到的 CCF/PLA 预浸丝具有良好的界面性能。同时，纤维仍保持连续性及良好的表面质量，最终使再制造 CCF/PLA 零件力学性能提高，验证了利用该回收工艺得到的纤维预浸丝仍保持高强度、高模量等优异性能，纤维预浸丝仍能用于高性能零件的制造，不用像传统回收工艺一样降级使用，真正实现了复合材料的高性能回收再利用。

4. 回收再制造环境效益与经济效益

环境效益与经济效益也是衡量一种纤维复合材料回收工艺十分重要的因素。环境效益指的是回收过程对生态环境的影响，回收过程应尽量减小对环境的伤害，实现复合材料的绿色可持续发展。经济效益指的是回收工艺的成本，若回收工艺的整体成本超过原始纤维制造的成本，该回收工艺就失去了纤维再利用的意义，回收工艺应尽量降低成本，实现复合材料的高效回收。针对连续纤维增强复合材料增材制造回收再制造工艺，下面分别分析其环境效益与经济效益。

传统的纤维复合材料回收工艺对环境产生的影响较大，回收过程往往伴随着大量的环境污染与生态破坏，很难实现复合材料的绿色可持续循环再利用，因此实现复合材料无污染回收是复合材料重要发展方向之一。对于连续纤维增强复合材料增材制造回收再制造工艺，回收过程中只需要采用热风枪加热熔融热塑形树脂基体即可，不需要掩埋、焚烧以及使用化学药剂，回收得到的纤维能够完全用于复合材料再制造，不会丢弃在生态环境中。特别是对于CCF/PLA零件，基体材料PLA是使用可再生的植物资源（如玉米）所提取的淀粉材料制成的，具有良好的生物可降解性，使用后能被自然界中微生物完全降解，最终生成二氧化碳和水，不污染环境。因此对于连续纤维增强复合材料增材制造回收再制造工艺，无论是回收过程还是材料处理都不会对生态环境造成污染与破坏，真正实现了纤维复合材料绿色、可持续循环再利用。

通过将回收得到的CCF/PLA预浸丝的质量与回收零件的原始质量进行对比，得到了连续纤维增强复合材料增材制造回收工艺的材料利用率，并分别计算了其中连续碳纤维与PLA的材料利用率，如表4-7所列。回收得到的CCF/PLA预浸丝的质量达到了原始质量的73%，其中连续碳纤维被完全回收，利用率达到了100%。由于一部分PLA树脂在口模成形过程中残留在口模中，预浸丝中树脂的质量占回收零件树脂质量的73%，但口模中残留的PLA仍可以收集起来经过再次挤出成形丝材，但由于口模残留PLA有老化降解的现象，使得PLA性能下降。而在传统纤维复合材料回收工艺中，只有回收得到的一小部分尺寸较小的纤维可再次用于增强体进行复合材料的再制造，大部分大颗粒回收物只能用于建筑填料等方面。由此可见，连续纤维增强复合材料增材制造回收工艺不仅能够实现复合材料高利用率回收，同时回收得到的全部纤维预浸丝仍保持高强度、高模量的优异性能，再利用价值较高。

表4-7 连续纤维增强复合材料增材制造回收工艺材料利用率

名称	材料利用率/%
总利用率	75
连续碳纤维利用率	100
树脂利用率	73

连续纤维增强复合材料增材制造回收再制造工艺的能量消耗主要包括回收过程的能量消耗以及再制造过程的能量消耗，利用功率计来测量以上两个过程的能量使用，并与传统回收工艺回收碳纤维的能量消耗进行对比。回收过程中热风枪加热以及口模加热为主要的能量消耗方式，平均能量消耗对比如表4-8所列，可以看出，连续纤维增强复合材料增材制造回收工艺的能量

消耗达到 67.7MJ/kg，远远高于物理粉碎回收工艺，是热化学回收工艺的 2～6 倍，能量消耗较高，主要原因是热风枪加热功率为 250W 左右，同时抽丝速度较慢（200mm/min 左右），使得回收单位质量的零件消耗的时间较长，能量累计消耗较大。但是，由于热风枪大部分能量并未用于熔融 PLA，而是散发在环境中，造成了能量的浪费。所以可通过增加预热箱等方式降低该部分的能量消耗，这还有待进一步的研究。同时，该连续纤维增强复合材料增材制造回收工艺的能量消耗远远低于碳纤维制造的能量消耗，仍具有回收的意义。

表 4-8 回收碳纤维能量消耗对比

工艺	能量消耗/(MJ/kg)
碳纤维制造	198～594
物理粉碎回收	0.27
热化学回收	10.3～35.7
增材制造复合材料回收	67.7

对于大多数传统纤维增强复合材料来说，一方面由于材料本身的特性，伴随着复合材料的高强性能及耐腐蚀的特点，使得复合材料废弃物的处理变得非常棘手，特别是对于目前应用量最大的热固性复合材料来说，这个问题尤为严重；另一方面，目前复合材料的应用模式为单向开环模式，不属于全生命周期（EOL）的材料应用模式，主要原因是在复合材料的设计与制造过程往往只追求轻质、高性能的目标，而不去考虑后续纤维循环再利用的问题，造成废弃物回收困难，回收纤维性能损害严重，不能实现复合材料高效绿色利用。以上的问题已经大大限制了复合材料的进一步应用与发展，因此实现复合材料的循环可持续发展是研究复合材料技术的重中之重。为解决以上的问题，越来越多的研究者开始关注热塑性复合材料，热塑性树脂可以通过加热熔融的方式进行无限次的重复利用，其成形的复合材料也可以经过多次循环利用。同时，复合材料全生命周期的设计制造技术也成为人们关注的重点，但该技术最大的困难在于复合材料的使用性能与可回收性能往往是矛盾的，大多数成形技术很难保证复合材料既具有很高的使用性能，又具有良好的可回收性能，而且大多数回收工艺也很难保证回收过程绿色高效、回收的纤维具有良好的再使用性能。

本书提出的连续纤维增强热塑性复合材料增材制造及其回收再制造工艺就是一种创新的全生命周期的复合材料应用模式，称为"4-Re 复合材料绿色应用模式",如图4-48所示。该模式在复合材料制造过程中选用热塑性树脂基体,该基体可通过加热熔融的方式进行多次循环利用,特别是 PLA 具有良好的生物可降解性,同时以连续碳纤维作为增强体使得打印零件具有较高的使用性能,该模式的回收过程充分利用复合材料制造过程的特征以及成形零件的特征,只通过加热熔融树脂基体的方式将纤维沿打印路径相反的方向抽离出来。一方面该过程只需要熔融树脂,不会对纤维造成损害,使得回收纤维仍然保持优异性能,可再次用于高性能复合材料零件的制造,实现了复合材料的高性能循环再利用;另一方面,树脂基体的熔融条件简单,熔融过程一般不会产生大量的有害气体对环境造成损害,同时又具有较高的材料利用率,回收的纤维可进行多次循环利用,减少了原始纤维的制造量,实现了复合材料高效绿色循环再利用。

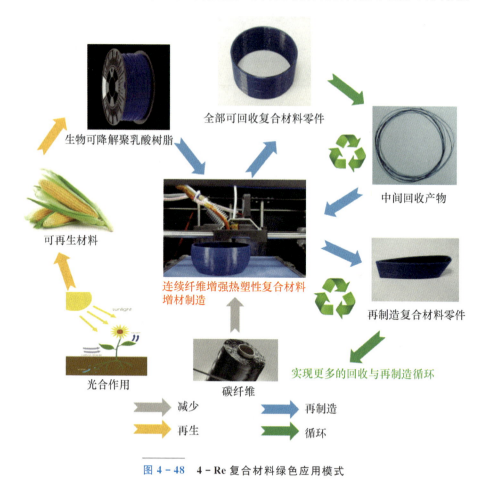

图4-48 4-Re复合材料绿色应用模式

4-Re复合材料应用模式将设计制造过程与纤维回收过程紧密联系在一起,形成了全生命周期的复合材料应用模式,实现了复合材料高效、高性能、绿色循环再利用,对于促进复合材料的发展、复合材料的应用领域扩展具有突破性的意义。

参考文献

[1] 赵纯,张玉龙. 聚醚醚酮[M]. 北京:化学工业出版社,2008.

[2] LUO M,TIAN X,SHANG J,et al. Bi-scale interfacial bond behaviors of CCF/PEEK composites by plasma-laser cooperatively assisted 3D printing process[J]. Composites Part A:Applied Science and Manufacturing,2020,131:105812.

[3] ZHANG S,AWAJA F,JAMES N,et al. Autohesion of plasma treated semi-crystalline PEEK:Comparative study of argon,nitrogen and oxygen treatments[J]. Colloids and Surfaces A:Physicochemical and Engineering Aspects,2011,374(1-3):88-95.

[4] SUN C,MIN J,LIN J,et al. Effect of atmospheric pressure plasma treatment on adhesive bonding of carbon fiber reinforced polymer[J]. Polymers. 2019,11(1):139.

[5] JHA S,BHOWMIK S,BHATNAGAR N,et al. Experimental investigation into the effect of adhesion properties of PEEK modified by atmospheric pressure plasma and low pressure plasma[J]. Journal of Applied Polymer Science,2010,118(1):173-179.

[6] FRIEDERIKE B,TYCHO Z,SÜTEL M,et al. Influence of different low-pressure plasma process parameters on shear bond strength between veneering composites and PEEK materials[J]. Dental Materials,2018,34(9):e246-e254.

[7] BRIEM D,STRAMETZ S,Schr? Oder K,et al. Response of primary fibroblasts and osteoblasts to plasma treated polyetheretherketone(PEEK) surfaces[J]. J Mater Sci Mater Med,2005,16(7):671-677.

[8] ZHOU L,QIAN Y,ZHU Y,et al. The effect of different surface treatments on the bond strength of PEEK composite materials[J]. Dental Materials,2014,30(8):e209-e215.

[9] JAMA C, DESSAUX O, GOUDMAND P, et al. Treatment of poly(ether ether ketone) (PEEK) surfaces by remote plasma discharge. XPS investigation of the ageing of plasma-treated PEEK[J]. Surface and Interface Analysis, 1992, 18(11):751-756.

[10] ZHAO Y, ZHANG C, SHAO X, et al. Effect of atmospheric plasma treatment on carbon fiber/epoxy interfacial adhesion[J]. Journal of Adhesion Science and Technology, 2011, 25(20):2897-2908.

[11] BAGHERY B M, MOUSAVI S A, NOSRATIAN S E, et al. Influence of oxygen plasma treatment parameters on the properties of carbon fiber[J]. Journal of Adhesion Science and Technology, 2016, 30(21):2372-2382.

[12] KISHORE, VIDYA, AJINJERU, et al. Infrared preheating to improve interlayer strength of big area additive manufacturing (BAAM) components [J]. Additive Manufacturing, 2016, 14:7-12.

[13] PARTAIN S C. Fused deposition modeling with localized pre-deposition heating using forced air[D]. Montana State:Montana State University,2007.

[14] LUO M, TIAN X, ZHU W, et al. Controllable interlayer shear strength and crystallinity of PEEK components by laser-assisted material extrusion[J]. Journal of Materials Research, 2018, 33(11):1632-1641.

[15] LUO M, TIAN X, SHANG J, et al. Impregnation and interlayer bonding behaviours of 3D-printed continuous carbon-fiber-reinforced poly-ether-ether-ketone composites[J]. Composites Part A: Applied Science and Manufacturing, 2019, 121:130-138.

第 5 章
轻质复合材料结构设计、制造与性能

5.1 引言

航空航天等领域的结构，要求高性能化和轻量化，这些要求对飞机、航天器等装备使用性能提高和成本减少具有至关重要的作用。纤维复合材料因具有高比强度、高比模量和可设计性强等优点，被广泛应用于火箭发动机壳体、卫星加筋天线和承力筒等航空航天器结构中，实现了航空航天装备性能的显著提升和重量减轻。随着航空航天技术的不断发展，纤维增强复合材料的使用需求越来越多，纤维增强复合材料结构的使用环境越来越恶劣，因此对纤维增强复合材料结构提出了更高的性能要求，如何实现高性能轻质复合材料结构的设计与制造是亟待解决的难题。因此，本章将重点介绍基于复合材料增材制造的层合板、复杂构形轻质结构的相关设计方法和制造工艺。

5.2 曲线纤维增强开孔层合板设计与增材制造

相比于使用直线铺设复合材料层合板，曲线纤维增强变刚度复合材料结构由于使用曲线纤维铺设而存在诸多优点，其最显著的特点就是高度可设计性。曲线纤维铺设的角度可随着设计人员与工况载荷的需要进行调控，通过改变纤维铺设的角度，可以在相同厚度下得到刚度不同的复合材料层合板。在进行设计的过程中，可以根据仿真模拟得到的结果对复合材料层合板的铺设方式进行多次优化，得到最佳力学性能的结构。作者充分运用这一优点，解决具有形状缺陷（如孔、槽等）零部件的应力集中问题。

5.2.1 曲线纤维增强开孔层合板设计方法

本节以复合材料带孔板为设计对象,系统介绍拉伸载荷作用下曲线纤维增强变刚度结构优化设计方法。在曲线纤维复合材料的设计过程中,需要先对曲线纤维增强复合材料进行仿真分析,然后基于应力场分布进行曲线纤维的优化设计。基于应力梯度的层内曲线纤维排布的优化设计与增材制造流程如图 5-1 所示。首先建立有限元分析模型,然后设置初始的材料属性和纤维方向,施加载荷并计算,得到复合材料带孔板的应力分布。基于应力梯度对曲线纤维进行迭代优化设计,当复合材料带孔板的最大有效应力集中系数趋于平稳时,终止迭代设计,最后的纤维轨迹即为最终的设计方案。

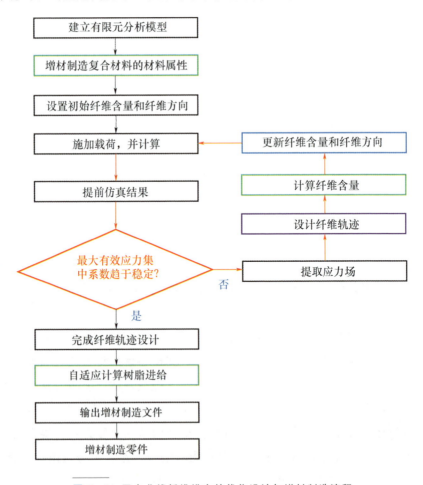

图 5-1 层内曲线纤维排布的优化设计与增材制造流程

优化设计的关键在于如何根据最大主应力分布设计纤维轨迹。为了保证纤维的连续性并简化设计过程，将沿受力方向的纤维轨迹数量设为定值，则问题就转化为根据最大主应力分布设计局部纤维轨迹之间的间距。纤维轨迹可以被看作是由许多纤维轨迹点连接而成的，将纤维轨迹点按照应力分布规律设计，即可完成纤维轨迹的设计。

根据最大主应力分布设计纤维轨迹的具体流程如图 5-2 所示。首先从有限元模型的分析结果中提取应力分布，如图 5-3 所示，在受力方向上等距离提取截线上的应力。其中，$A_i(x_k, y_i, \sigma_i)$ 是提取截线经过网格单元的质心信息得到的，x_k 为截线的 x 轴坐标，y_i 为质心在 y 轴上的坐标，σ_i 为该网格单元的应力值。将截线所经过的所有网格单元的应力信息汇总为集合 A。

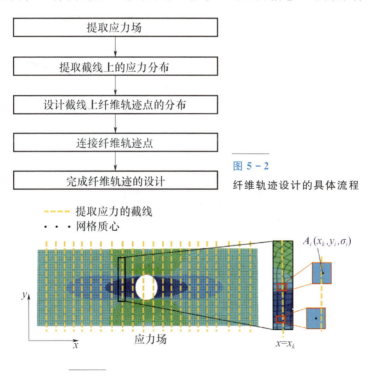

图 5-2 纤维轨迹设计的具体流程

图 5-3 从应力分布场提取割线上的应力分布

为了使纤维含量与应力相匹配，即高纤维含量与高应力对应，可以通过设计截线上纤维轨迹点的疏密来匹配应力的梯度变化。截线上纤维轨迹点的疏密是通过各个点的 y 轴坐标体现，则问题转化为如何根据集合 A 的 y 轴坐标和应力计算截线上纤维轨迹点集合 B，主要是计算截线上每个纤维轨迹点 B_j 的 y 轴坐标。利

用集合 A 中各个点的应力值和 y 轴坐标，可得到 σ-y 曲线，如图 5-4 所示。

曲线围成的面积 S_A 为

$$S_A = \sum_{i=1}^{n-1} \int_{y_{A_i}}^{y_{A_{i+1}}} \sigma \mathrm{d}y \tag{5-1}$$

式中：n 为集合 A 中元素的个数；y_{A_i} 为集合 A 中第 i 个点的 y 轴坐标。

设纤维有 m 条，则可以将曲线围成的面积 S_A 等分为 $m+1$ 份（每一份面积为 S）。根据纤维轨迹点之间应力包围面积相等原则设计纤维轨迹点 B_j，则纤维轨迹点 B_j 的 y 轴坐标可通过下式进行计算：

$$\int_{y_{A_1}}^{y_{B_j}} \sigma \mathrm{d}y = \frac{j}{m+1} S_A, j \in [1,m] \tag{5-2}$$

式中：y_{B_j} 为纤维轨迹点 B_j 的 y 轴坐标；y_{A_1} 为集合 A 中第 1 个点的 y 轴坐标。

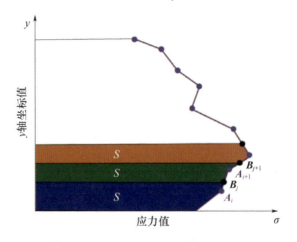

图 5-4　基于割线上的应力分布设计纤维轨迹点

计算得到的纤维轨迹点如图 5-5 所示，每条截线上的纤维轨迹点数相同，且纤维轨迹点与应力梯度对应，按从下往上的顺序，依次将各条截线中的点取出，然后连接，初步得到了曲线纤维轨迹。

将纤维轨迹点直接相连，得到的曲线轨迹不光顺，如图 5-6(a)所示。利用三次样条函数进行插值，可以生成较平滑的纤维轨迹。在 MATLAB 软件中，通过工具箱里的 smoothing spline 函数可以实现三次样条插值处理，其结果如图 5-6(b)所示。与三次样条插值处理前相比，纤维轨迹点之间由直线连接转换为了曲线连接，大大提高了纤维轨迹的光顺程度。由于存在不规则的网格，会引起纤维轨迹点的波动（即为噪点），因此，采用滤波处理将不规则的波动消除。

在 MATLAB 软件中有多种滤波工具，本书选用移动平均滤波器进行消除噪点的工作，最终得到了平滑的纤维轨迹，如图 5-6(c)所示。与滤波前相比，纤维轨迹中较为突兀的噪点被消除，尤其在孔的左右两侧特别显著。

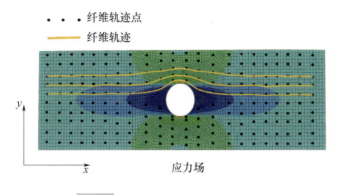

图 5-5 设计得到的纤维轨迹点分布

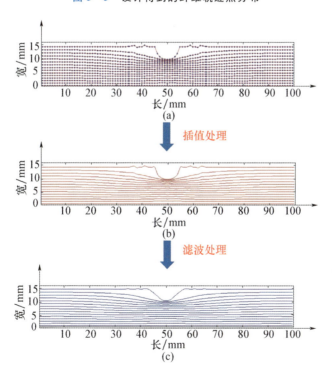

图 5-6 纤维轨迹平滑处理过程

(a)纤维轨迹点直接相连得到的纤维轨迹线；(b)三次样条插值处理后的纤维轨迹；(c)滤波处理后的纤维轨迹。

5.2.2 曲线纤维增强复合材料结构增材制造方法

现有的增材制造工艺软件都是根据均一扫描间距与树脂挤出速度的参数设置的,难以实现变刚度复合材料的复杂纤维路径与含量动态控制。而对于树脂与纤维含量的控制,其本质在于处处间距不等的两条曲线之间的距离如何计算。如何准确定义出两条曲线间的距离并计算出任意曲线每一个点处的间距,是实现增材制造工艺制造复合材料变刚度结构零部件的难点。

为了实现上述功能,作者提出了一种增材制造连续纤维增强复合材料的树脂含量自适应控制方法。采用离散点曲线模拟与动态曲线间距离计算方法,实现间距不等的曲线间距实时计算,进而完成增材制造工艺中任意位置的树脂与纤维含量的控制。

1. 动态曲线间距算法

根据曲线分布的特点,定义了3种局部曲线间距计算方法,如图5-7所示。

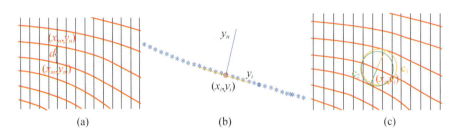

图 5-7 动态曲线间距计算方法示意图
(a)等横坐标插值法;(b)法线相交法;(c)最近距离法。

(1)等横坐标插值法:如图5-7(a)所示,对同一横坐标值 $x_i(i=1,2,3,\cdots)$ 下的纵坐标 $y_i(i=1,2,3,\cdots)$ 相减得到线间的距离作为曲线间距,即
$$d = y_i - y_{i-1} \tag{5-3}$$

(2)法线相交法:如图5-7(b)所示,有两条任意曲线 l_1、l_2,过点 $A(x_a, y_a)$ 作曲线 l_1 的切线 $l_t: y_t = k_i x + b_i$,再做出过 A 点且垂直于 l_t 的法线 $l_n: y_n = \frac{1}{k_i}x + b_j$,求出法线与相邻一条曲线的交点 $B(x_b, y_b)$,则两曲线在 A 点处的间距为
$$d = \overline{AB} = \sqrt{a^2 + b^2} \tag{5-4}$$

(3) 最近距离法：如图 5-7(c) 所示，对各曲线每一点 (x_i, y_i) 做圆，逼近相邻曲线得到切点，并得到两个切点与 (x_i, y_i) 的距离作为曲线间距。

2. 工艺参数计算

连续纤维增强复合材料增材制造中的吐丝速度与每一段打印路径所需吐丝量有关，而吐丝量的大小可根据喷头行走距离（两位置控制点间距）、扫描间距、分层厚度、树脂丝直径及纤维直径计算得到。根据相同时间内，树脂丝材送入的体积与打印喷头挤出的树脂体积相等原则，可以计算出打印一定距离时树脂需要输入的长度，即增材制造工艺参数中的吐丝量为

$$L_1 = \alpha \frac{4L_2 KH - L_2 \pi d^2}{\pi D^2} \tag{5-5}$$

式中：α 为补偿系数；L_2 为打印距离；K 为扫描间距；H 为分层厚度；d 为纤维直径；D 为树脂丝材直径，商用纯树脂打印丝材直径一般为 1.75mm。

5.2.3 曲线纤维增强带孔板的设计与增材制造验证

为了验证上述设计方法和打印方法，对带孔板进行了优化设计与增材制造，其长×宽×高 = 100mm×30mm×2mm，如图 5-8 所示。

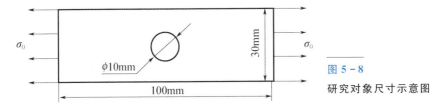

图 5-8 研究对象尺寸示意图

1. 迭代优化结果

根据曲线纤维增强结构的设计优化方法，基于主应力场的应力梯度对中心带孔板（中心孔的直径为 10mm）进行了 4 次迭代设计仿真分析，得到的复合材料变刚度结构曲线纤维轨迹如图 5-9 所示。

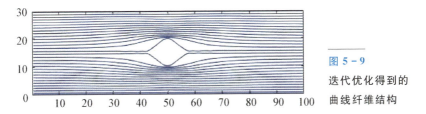

图 5-9 迭代优化得到的曲线纤维结构

在迭代优化过程中，复合材料带孔板（中心孔的直径为 10mm）的最大有效应力集中系数 K' 得到了有效减小，如图 5-10 所示，其中 n 为迭代次数（$n = 0, 1, 2, 3, 4$）。经过 1 次迭代优化设计后，复合材料带孔板的最大有效应力集中系数 K' 明显减小。在后续的优化设计中，最大有效应力集中系数 K' 的变化趋于平稳。未优化前直线纤维增强复合材料带孔板的最大有效应力集中系数为 4.2。经 4 次优化后最大应力集中系数降为 2.7，比未优化前减小了 36%。结果表明，基于应力梯度优化设计纤维排布可以有效减小结构的应力集中水平。

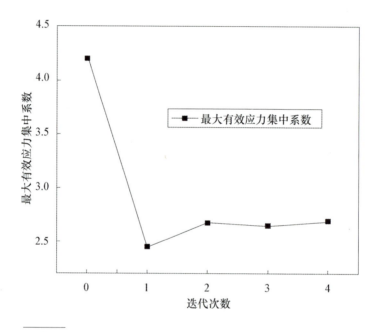

图 5-10　优化过程中最大有效应力集中系数随着迭代次数的变化

2. 增材制造曲线纤维增强结构性能

为了表征曲线纤维增强变刚度结构的性能，通过增材制造工艺制备出不同孔径（孔径为 10mm、15mm 和 20mm）优化后曲线纤维增强带孔板结构，然后利用拉伸试验与直线纤维增强带孔板的拉伸性能进行对比，如图 5-11 所示。直线纤维增强带孔板随着孔径的增大，其最大拉伸力不断减小，孔径 10mm 和孔径 20mm 带孔板的最大拉伸力分别为 4.9kN 和 2.8kN，孔径 10mm 比孔径 20mm 高了 75%。这是因为随着孔径的增加，在圆孔上下侧承载的材料减小，同时孔径的增大提高了孔周围的应力集中，因此，孔径增大，直线纤维增强带孔板的最大拉伸力显著减小。优化后曲线纤维增强带孔板的最大拉伸力没有呈现类似直线纤维增强带孔板随孔径的变化趋势。增材制造曲线纤维增强带孔板在孔径为 10mm 时，最大拉伸力为 6.9kN，而在孔径为 15mm 和 20mm 时没有显著差异，其最大拉伸力约为 5.8kN。这说明曲线纤维变刚度设计可以有效减小孔径缺陷较大造成的承载能力急剧下降问题。优化设计对不同孔径带孔板最大拉伸载荷的提升比率进行了计算和对比，曲线纤维优化设计对结构承载性能提高比率随着孔径尺寸的增大而增大。在孔径为 10mm 时，优化设计使结构的最大拉伸载荷提高了 42%，而在孔径为 20mm 时，优化设计使结构最大拉伸载荷提高了 112%。这说明优化设计方法对不同孔洞特征结构的承载性能均有提高，当孔洞尺寸越大时，优化设计方法的效果越显著。

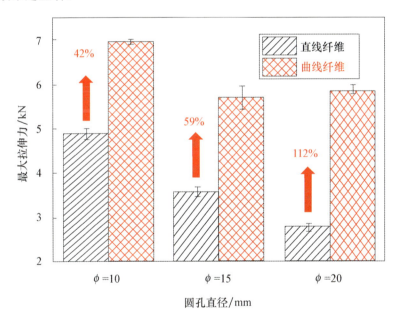

图 5-11　孔径尺寸对优化前后复合材料带孔板承载能力的影响

对比了直线纤维和曲线纤维增强带孔板的结构刚度，如图 5-12 所示。直线纤维和曲线纤维增强带孔板的结构刚度均随着孔径的增大而减小。直线纤维和曲线纤维增强带孔板在孔径为 20mm 时的结构刚度分别为 2.8kN/mm 和 5.1kN/mm，分别比孔径为 10mm 时复合材料带孔板降低了 43% 和 22%。为了评估所提优化设计方法对不同缺陷尺寸复合材料结构刚度的提升效果，对不同孔径曲线纤维设计比直线纤维设计的结构刚度提升比率进行了对比。曲线纤维优化设计方法对结构刚度提高比率随着孔径尺寸的增大而增大，在孔径为10mm时，优化设计使结构刚度提高了20%，而在孔径为20mm时，优化设计使结构刚度提高了45%。这说明优化设计方法对不同孔洞特征结构的结构刚度均有提高，且孔洞尺寸越大，优化设计方法的提升效果越好。

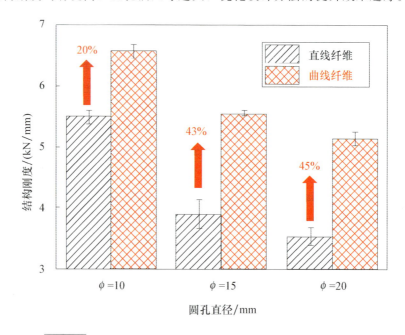

图 5-12　孔径尺寸对优化前后复合材料带孔板结构刚度的影响

3. 曲线纤维变刚度设计的增强机理分析

以上实验和仿真结果表明，曲线纤维增强复合材料结构比传统直线纤维增强复合材料结构的性能提升大。为了探明设计方法对结构的增强机制，对迭代优化后曲线纤维增强复合材料带孔板（中心孔径为10mm）中纤维含量分布与应力分布进行了对比分析，如图5-13所示。优化后复合材料带孔板中纤维体积分数分布与应力分布相对应，即应力大的位置纤维体积分数大，应力小的位置纤维含量小。连续纤维增强复合材料沿纤维方向的拉伸性能与纤维含量呈正相关关系，本书提出的优化设计方法实现了局部纤维体积分数大小与局部应力水平对应，降低了应力集中，大大提高了复合材料带孔板整体的承载性能。

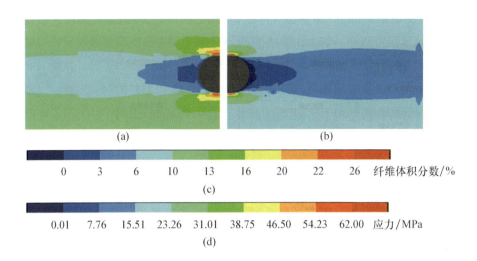

图 5 – 13 优化后复合材料带孔板中纤维体积分数分布和应力分布

(a)4 次迭代优化后纤维体积分数的分布；(b)4 次迭代优化后应力的分布；
(c)纤维体积分数的图例；(d)应力的图例。

对优化后复合材料带孔板中纤维方向角分布和最大主应力方向角分布进行了对比分析，如图 5 – 14 所示。纤维方向角分布和最大主应力方向角分布之间没有显著差异，即经过优化设计后的曲线纤维增强带孔板中的纤维方向与最大主应力方向一致，这说明优化设计过程将纤维方向分布与最大主应力方向分布匹配，使纤维方向成为主要承载方向，充分发挥了连续纤维增强复合材料在纤维方向上具有最佳承载性能的优势，这是优化后曲线纤维增强带孔板性能提高的重要原因。

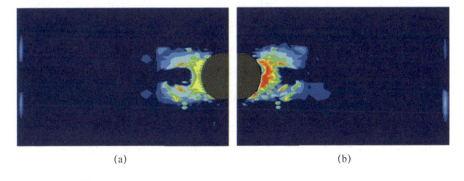

图 5 – 14 优化后复合材料带孔板中纤维方向分布和最大主应力方向分布

(a)4 次迭代优化后纤维方向的分布；(b)4 次迭代优化后最大主应力方向的分布。

5.3 复杂构形轻质结构设计与增材制造

复合材料轻质结构是一种先进的复合材料设计理念，它充分利用材料特征和结构优势，实现整个制件的性能最佳，常见的结构形式有夹层结构和拓扑优化结构。传统树脂基复合材料轻质结构的成形工艺大多需要模具，成本高、周期长。另外，传统工艺的制造过程复杂，需要胶结或装配等工序，制件的复杂度有限，大大限制了复合材料轻质结构的应用。作者在前期的研究工作中，基于连续纤维增强热塑性复合材料增材制造工艺，提出了连续纤维增强轻质夹层结构的一体化制造方法，同时，基于激光粉末床熔融成形工艺开展了复合材料结构拓扑优化设计及性能研究。

5.3.1 连续纤维增强轻质夹层结构的增材制造与性能

1. 连续纤维增强复合材料轻质结构增材制造方法

为了实现复杂构型连续纤维增强复合材料轻质结构的快速制造，结合连续纤维增强复合材料增材制造的特点和典型轻质结构形式，作者对复杂连续纤维增强复合材料轻质结构的路径规划进行了研究。夹层结构是轻质结构最常见的结构形式，轻质夹层结构最常见的失效形式是面板与芯材剥离，为了提高轻质夹层结构整体的力学性能，提出了复杂芯材一体化成形方法和面板－芯材集成制造策略。利用热塑性树脂加热熔融、冷却固化的特点，实现十字交叉复合材料结构的一体化制造，如图 5-15 所示。在路径规划时，先执行路径 2，然后打印喷头沿路径 3 进行交叉搭接，喷头经过搭接处时，搭接处的树脂被加热熔融，喷头内挤出的丝材与其黏接固化，实现复杂构型轻质结构的一体化成形。采用内嵌搭接方法实现面板与芯材的结构集成制造，使得芯材与面板紧密咬合，精确控制打印路径，保证芯材路径不超出面板范围，实现面板－芯材、十字交叉复杂结构的平滑搭接与过渡。

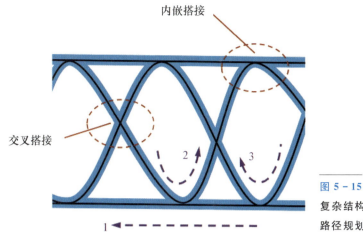

图 5-15 复杂结构的搭接路径规划示意图

2. 结构参数对复合材料轻质结构的影响

在连续纤维增强轻质结构中,结构参数对结构性能会产生较大的影响。单胞长度是连续纤维增强轻质结构中最关键的结构参数之一,单胞长度的大小可以影响轻质结构的密度和纤维含量,进而影响其结构性能。为此,将单胞长度(X)作为研究目标,研究了单胞长度对增材制造样条波纹构型轻质夹层结构抗压性能的影响。根据夹层结构的平压性能测试标准 GB/T1453—2005,芯子单胞的数量不能少于 4 个,所以试件的最大单胞长度设置为 13mm。选取单胞长度在 9~13mm 范围进行研究。增材制造的工艺参数设置为:分层厚度 0.4mm,填充间距 1mm。

平压性能测试结果如图 5-16 所示,试件的抗压性能与抗压模量随着单胞长度的增大而逐渐减小。在单胞长度为 9mm 时,增材制造连续纤维增强轻质波纹夹层结构的性能最大,抗压强度和抗压模量分别为 7.47MPa 和 73.54MPa。单胞长度增加到 13mm 时,增材制造连续纤维增强轻质波纹夹层结构的抗压强度和抗压模量分别降到了 4.71MPa 和 61.62MPa,比单胞长度为 9mm 时分别降低了约 37% 和 16%。

纤维含量是连续纤维增强轻质结构性能的一个重要指标,不同结构构型与结构参数会对纤维含量产生较大影响。如图 5-17 所示,芯子纤维含量随着单胞长度的增加而减小,当单胞长度为 13mm 时,芯子的纤维体积分数仅为 0.51%。此外,轻质结构的结构参数也会直接影响结构密度。本书测得的芯子密度与单胞长度之间的关系如图 5-17 所示，随着单胞长度的增加，芯子密度不断减小。当单胞长度为 9mm 时，芯子密度达到最大值 286kg/m³。由此表明，结构参数的改变引起了结构密度与结构纤维体积分数的变化，进而影响了连续纤维增强轻质结构的性能。

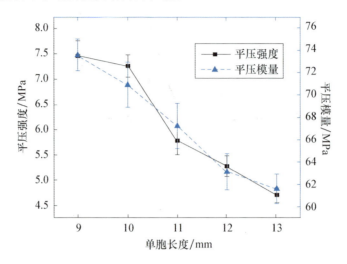

图 5-16 单胞长度对 3D 打印连续纤维增强轻质波纹夹层结构抗压性能的影响

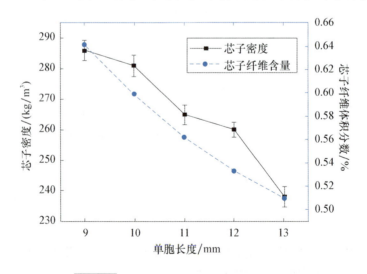

图 5-17 单胞间距与芯子密度制件的关系

为了阐明纤维含量和结构密度对不同单胞尺寸轻质结构性能的影响，对不同单胞尺寸轻质波纹结构的比强度进行了计算，得到了轻质波纹结构比强度与纤维含量之间的关系,如图 5-18 所示。轻质波纹结构的比强度随着芯子纤维含量的增加,从 13.1kN·m/kg 增加到了 18.0kN·m/kg,提高了约 37%。这说明随着芯子纤维含量的增加,单位密度轻质结构的性能得到了极大的提高,纤维体积分数对不同单胞轻质结构性能调控具有重要作用。

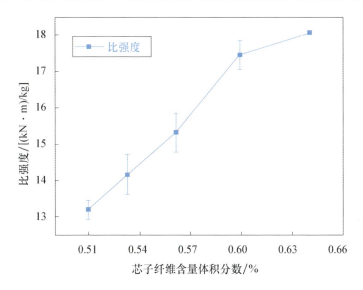

图 5-18 纤维体积分数对不同单胞尺寸轻质结构比强度的影响

3. 工艺参数对复合材料轻质结构的影响

在连续纤维增强轻质结构的增材制造工艺中,打印工艺参数对制件的力学性能有较大影响。其中,分层厚度是增材制造工艺中典型的工艺参数,对制造效率和制件的精度、力学性能都有很大的影响。为此,本章节研究了分层厚度对增材制造连续纤维增强轻质波纹夹层结构的影响,选取分层厚度在 0.1~0.5mm 范围进行研究,其他的结构参数和打印参数保持不变,其他参数设置为:单胞长度 9mm,填充间距 1mm。

平压测试结果如图 5-19 所示,增材制造连续纤维增强轻质结构的抗压强度与抗压模量随着分层厚度的增加而不断减小,分层厚度在 0.1~0.3mm 范围内,结构的抗压性能下降幅度较大,在 0.3~0.5mm 范围内,结构的抗压性能变化较小。当分层厚度为 0.1mm 时,结构的抗压性能最强,抗压强度和抗压模量分别达到了 12.7MPa 和 162.2MPa,比分层厚度为 0.5mm 时提高了约 78% 和 39%。

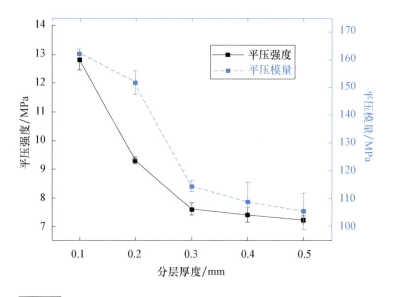

图 5-19 分层厚度对连续纤维增强轻质波纹夹层结构抗压性能的影响

在连续纤维复合材料增材制造中，工艺参数会影响制件的密度与纤维含量。如图 5-20 所示，在填充间距为 1mm 时，随着分层厚度的增加，增材制造连续纤维增强轻质波纹夹层结构的纤维体积分数从 2.56% 减少到 0.51%。这是因为在增材制造制备连续纤维增强复合材料结构时，纤维随着树脂从喷头中连续挤出，其纤维含量取决于树脂与纤维的进给速率。连续纤维复合材料增材制造中工艺参数不仅会影响轻质结构的纤维含量，同时也会影响结构密度。在其他结构和工艺参数一定的情况下，增材制造样条波纹轻质夹层结构的密度随着分层厚度的增加不断减小。这是由于基体材料与纤维材料的密度不同，不同分层厚度使纤维与基体组成比例发生变化，进而导致了不同分层厚度时增材制造连续纤维增强轻质结构的密度不同。当分层厚度为 0.1mm 时，芯子的密度达到 335kg/m^3。

以上分析表明，随着分层厚度的减小，增材制造连续纤维增强轻质结构的密度、纤维含量和抗压强度逐渐上升。为了确定三者之间的联系，对结构比强度与芯子纤维含量之间的关系进行了分析，如图 5-21 所示。当增材制造连续纤维增强轻质结构的芯子纤维含量体积分数从 0.51% 增加到 2.56% 时，结构的平均比强度从 18kN·m/kg 升高到 28kN·m/kg，提高了约 55%。由此表明，纤维含量对增材制造不同分层厚度连续纤维增强轻质结构的抗压性能起主要增强作用,通过纤维含量设计可以调控增材制造连续纤维增强轻质结构的性能。

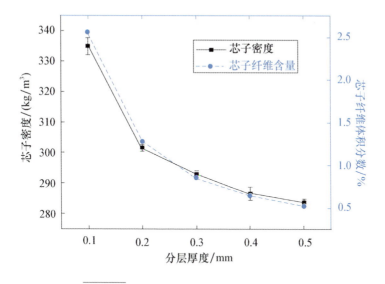

图 5-20　分层厚度与芯子密度之间的关系

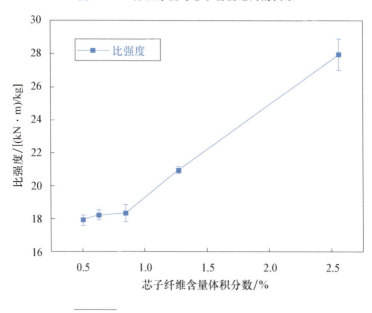

图 5-21　纤维体积分数与比强度之间的关系

4. 结构的平压失效机理

对样条波纹构型夹层结构的平压失效过程进行了分析,通过平压力学试验,得到了夹层结构在平压载荷作用下的力-位移响应曲线,将其转换为应力-应变曲线,如图5-22(a)所示,其失效过程如图5-22(b)所示。加载初期,结构呈现非线性力学性能响应,如 A-B 段所示,这是由于实验压头刚刚接触试件,实验装置有调整的过程。然后,试件在 B-C 段呈线弹性响应,直到达到应力的最大值。应力达到最大值后,样条波纹结构开始屈曲,试件结构的整体刚度急速下降。由于样条波纹发生屈曲,使得产生同样应变时所需应力减小,如图 C-D 段所示。随着试件应变的增大,结构越来越紧凑,结构刚度增大,在 D-F 段,试件的应力变化趋于平稳。在 E-F 段,样条波纹结构发生破坏,应力-应变曲线呈现出齿状的波动。最后,随着结构更加密实,结构的应力在 F 点后将持续增大。实验结果表明,在平压载荷作用下,增材制造的样条波纹轻质结构的主要失效模式是结构的弹性屈曲、塑性变形以及波纹结构的破坏。

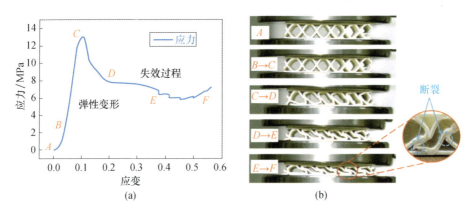

图5-22 增材制造连续纤维增强轻质波纹夹层结构的失效过程
(a)平压过程中的应力-应变响应;(b)平压载荷作用下的失效过程。

5. 复合材料波纹结构的对比

将增材制造连续纤维增强样条波纹轻质夹层结构的抗压性能与其他工艺制备的复合材料波纹夹层结构进行了对比分析。不同结构密度时,轻质结构抗压强度对比如图5-23所示。当选用线密度为220dtex(1dtex=0.1mg/m)的Kevlar纤维、波纹样条结构的单胞长度为9mm、分层厚度为0.1mm、填充间距为1mm时,增材制造连续纤维增强样条波纹轻质夹层结构的芯子纤维含量体积分数为5%,此时抗压强度达到17.2MPa。与传统工艺制备的其他波纹结构相比,增材制造连续纤维增强样条波纹轻质夹层结构的抗压强度高于大部分轻质结构的抗压性能，比如玻纤增强波纹轻质结构和铝蜂窝等。但增材制造连续纤维增强样条波纹轻质夹层结构的平压性能略低于碳纤维增强波纹轻质结构，这是由于本节制备轻质结构的纤维含量还较少，随着纤维含量的进一步提高，增材制造一体化制备的复合材料轻质波纹结构的性能会进一步提高。

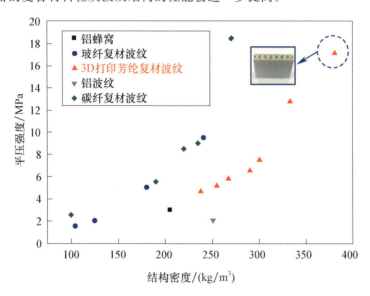

图 5-23　不同制造工艺制备出的复合材料波纹结构的抗压性能对比

连续纤维增强复合材料增材制造技术不仅能制造出高性能的轻质结构，而且可以实现复杂构型的制造，如图 5-24 所示，每一个制件均在一个工序里完成制备。这将极大地拓展轻质结构的结构形式，降低设计开发成本，为连续纤维增强复合材料轻质结构的发展与应用提供了一个全新的技术手段，为结构的设计提供了新的思路。

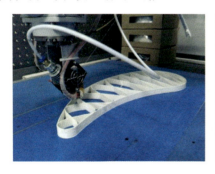 

图 5-24　异形连续纤维复合材料轻质夹层结构

5.3.2 基于激光粉末床熔融的复合材料结构件拓扑结构设计

1. 轻量化可行性分析

从材料性能的角度来看，由于复合材料的比强度较高，采用复合材料取代部分金属材料本身就可以起到减重的效果。表5-1给出了激光粉末床熔融成形的工程塑料及其复合材料在常温下的各项力学性能，从表中可以看出，采用CF增强后的复合材料在强度与模量方面均明显高于基体材料，碳纤维可以起到明显的增强作用。但是其冲击强度均有所降低，属于典型的脆性材料，这主要是由于，CF作为刚性材料，断裂延伸率及冲击强度较低。其次，在激光粉末床熔融成形过程中，由于含有CF的复合粉末的熔体黏度较大，复合材料内部易形成多孔结构，这些孔隙的存在使材料冲击强度大幅下降，这也使得制件的密度较小。测试结果显示，激光粉末床熔融制备的CF/PA12、CF/PEEK复合材料的体积密度均较低，仅与纯树脂的密度相当，远远小于航空航天领域中广泛使用的铝合金和镁合金。拉伸强度与模量计算材料的比强度结果如表5-2所列，可以看出，CF/PEEK复合材料在激光粉末床熔融成形制件中具有最高的比强度，超过了一般的防锈铝合金，从轻量化的角度来考虑，激光粉末床熔融成形的CF/PEEK复合材料可以取代部分铝合金。

表5-1 激光粉末床熔融成形工程塑料及其复合材料在常温下的力学性能

材料	拉伸强度/MPa	拉伸模量/MPa	弯曲强度/MPa	弯曲模量/MPa	剪切强度/MPa	无缺口冲击强度/MPa
PA12	44.5	1649.2	53.7	1228.7	12.2	13.2
CF/PA12	63.8	6542.2	118.1	6016.2	33.7	9.46
PEEK	90.2	4797	156.7	4440	46.9	9.54
CF/PEEK	108	7365	182.9	5976	57.7	7.09

表5-2 粉末床熔融成形的工程塑料及其复合材料比强度及比模量

材料	PA12	CF/PA12	PEEK	CF/PEEK	铝合金 LF2
密度/(g/cm^3)	0.98	1.03	1.2	1.26	2.68
比强度/[(N·m)/g]	48.42	61.8	75.2	85.71	72.76

2. 仪器支架拓扑优化设计与制造

在具体零件的粉末床熔融成形过程中，对于具有大平面结构的零件，为了减少大平面成形过程中由于熔体冷却凝固引起的收缩变形问题,可以从结构设计的角度去解决零件的翘曲变形,通过零件结构的拓扑优化,尽量减少大平面结构,便可以将连续平面离散为更多的小平面结构。这一思路不但可以充分发挥激光粉末床熔融工艺在加工复杂结构零部件方面的独特优势,而且可以实现结构轻量化设计。图5-25为上海达索析统信息技术有限公司根据材料的基础力学性能,以2000N压力载荷为目标对仪器支架进行的拓扑优化结构设计,并分别采用CF/PA12及CF/PEEK复合粉末对拓扑优化后的结构进行了激光粉末床熔融成形,如图5-25(c)、图5-25(d)所示。从图中可以看出,结构优化之后的支架具有更好的成形工艺性,在无需支撑结构的情况下,依然可以获得高精度的样件,实际测量后发现拓扑优化后,支架结构的整体质量相比于原支架减小了46%,这对于飞行器支架的轻量化具有重要意义。

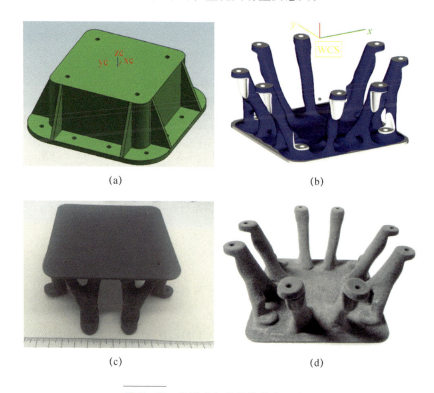

图5-25 仪器支架的结构优化及成形

(a)原始结构设计;(b)拓扑优化后的结构;
(c)CF/PEEK复合材料支架;(d)CF/PA12复合材料仪器支架。

为了验证拓扑优化轻量化设计的可行性，对拓扑优化前后的仪器支架进行了压力载荷实验，其结果如图 5-26 所示。从图中可以看出，拓扑优化后的支架相比于原始结构支架，不仅重量有所降低，而且在承受压力载荷时变形量较小，支架整体表现出更好的结构刚度。拓扑优化后的零切承载能力达到了优化目标，充分证明了采用激光粉末床熔融成形工艺进行轻量化设计和成形的可行性。

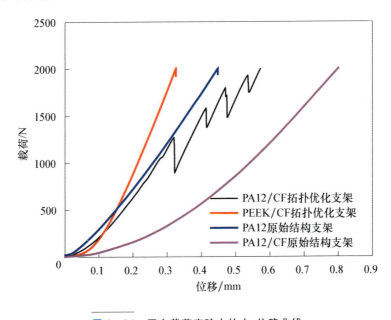

图 5-26　压力载荷实验中的力-位移曲线

参考文献

[1] 闫光. 轴压载荷下复合材料层合圆柱壳的设计与试验研究[D]. 长春:吉林大学,2013.

[2] JENETT B, CALISCH S, CELLUCCI D, et al. Digital morphing wing: Active wing shaping concept using composite lattice – based cellular structures [J]. Soft Robotics,2017,4(1):33 – 48.

[3] MURUGAN S, SAAVEDRA F E I, ADHIKARI S, et al. Optimal design of variable fiber spacing composites for morphing aircraft skins[J]. Composite Structures,2012,94(5):1626 – 1633.

[4] PARANDOUSH P, LIN D. A review on additive manufacturing of polymer –

fiber composites[J]. Composite Structures,2017,182:36-53.

[5] OLIVEUX G,DANDY L O,Leeke G A. Current status of recycling of fibre reinforced polymers: Review of technologies, reuse and resulting properties[J]. Progress in Materials Science,2015,72:61-99.

[6] YU S,HWANG Y H,HWANG J Y,et al. Analytical study on the 3D-printed structure and mechanical properties of basalt fiber-reinforced PLA composites using X-ray microscopy[J]. Composites Science and Technology,2019,175:18-27.

[7] 朱晋生,王卓,欧峰. 先进复合材料在航空航天领域的应用[J]. 新技术新工艺,2012(10):76-79.

[8] 栾丛丛. 连续碳纤维增强感知一体化智能结构增材制造与性能研究[D]. 杭州:浙江大学,2018.

[9] 田小永,刘腾飞,杨春成,等. 高性能纤维增强树脂基复合材料3D打印及其应用探索[J]. 航空制造技术,2016(15):26-31.

[10] 赵士洋. 复合材料层合板损伤模型的建构方法及其应用[D]. 西安:西北工业大学,2014.

[11] REJAB M R M,CANTWELL W J. The mechanical behaviour of corrugated-core sandwich panels[J]. Composites:Part B,2013,47(2013):267-277.

[12] Metal Sandwich Technology[EB/OL]. [2019-12-10]. https://www.metawell.com.

第 6 章
复合材料功能结构一体化设计与增材制造

6.1 引言

复合材料的多材料复合特征使其制件内部容易形成不同材料的多样化分布。而增材制造技术能够针对复合材料的多材料多样化分布实现灵活的结构设计及一体化成形,从而为进一步推动其多功能集成应用提供技术基础,搭建起了复合材料成形工艺与先进结构应用之间的桥梁。本章将以复合材料屏蔽、吸波以及智能结构为例,介绍复合材料功能结构一体化与增材制造技术相关的最新研究成果。

6.2 复合材料电磁屏蔽结构与性能

随着电子行业快速发展,大量电子设备涌入人们的生活,在带来便利的同时也带来了各种各样的电磁危害。例如,频率相近的电磁波相遇时会诱发电磁干扰,使电子设备出现性能下降、指令错误,甚至系统瘫痪;先进的信息接收与处理技术使极微弱的电磁信号也能被读取,泄露的信号容易造成信息失密;当人体长期暴露于电磁辐射中时,淋巴系统、视觉系统、心血管系统均易发生病变,甚至可能诱发癌症。电磁屏蔽结构既能阻止内部区域的电磁能量泄漏到外部区域,也能阻止外部区域的电磁能量辐射到内部区域,对于应对电磁泄露与电磁干扰具有重要意义,在民生和国防领域都具有重要价值。

传统的电磁屏蔽材料如银、铜、铝等金属,导电率高、电磁屏蔽性能优良,但密度大、易腐蚀、复杂形态成形难度较高,难以应对日益复杂的电磁环境和使用需求。电磁屏蔽材料研究领域出现了轻质、高强、理化性质稳定、易加工的发展趋势,各种新兴电磁屏蔽材料不断涌现,其中碳纤维增强复合材料凭借导电率高、沿纤维方向强度高、热传导性高、阻燃性好、热膨胀系数低、抗疲劳、抗蠕变等优势备受瞩目。连续碳纤维具有天然的导电通路,纤维中的传导电流可对入射波产生强反射,使复合材料具有接近于金属的反射效果。2016年,意大利罗马大学Micheli等以芳纶织物、碳纤维织物、碳纳米管与环氧树脂的复合浆料为原材料,采用手工铺放和模压工艺制造了多层复合结构,结构在0.8~8GHz频段内的屏蔽效能(SE)达到80dB,如图6-1所示。2019年印度科学院Rohini等采用真空辅助转模成形技术制造了镀镍碳纤维/环氧树脂复合材料(Ni-CF/EP)"三明治"结构,结构上层为镀镍碳纤维织物,下层为碳纤维织物,在12~18GHz频段结构的SE为50dB。

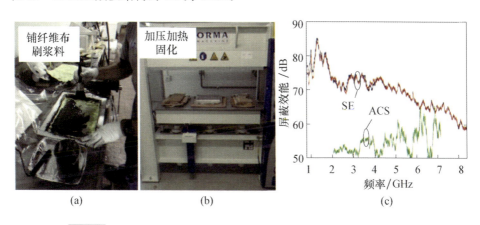

图6-1 CF/KR/MWCNTs/EP复合材料的制备工艺及屏蔽性能
(a)铺放纤维布并刷涂浆料;(b)模压固化;(c)复合材料的屏蔽性能。

6.2.1 碳纤维复合材料电磁屏蔽原理

电磁波入射到屏蔽材料时,一部分电磁波被反射,另一部分电磁波入射到结构内部被损耗,还有一部分电磁波穿过材料后透射到空间中,如图6-2所示。屏蔽材料的电磁波屏蔽能力由屏蔽效能(SE)表征,是反射衰减(SE_r)、吸收衰减(SE_a)、多重反射衰减(SE_m)的总和,如式(6-1)所示。

反射衰减(SE_r)指由屏蔽材料与自由空间的阻抗不匹配引发的首次反射所造成的衰减,其大小与μ_c/σ有关,如式(6-2)所示。一般情况下,高电导率、低磁导率材料的反射衰减较大,如铜、银等;低电导率与低磁导率材料与空气的阻抗匹配性好，反射衰减极小，如绝缘高分子聚合物等。

吸收衰减(SE_a)指电磁波进入屏蔽材料内部后被吸收并转化为热能所造成的电磁波衰减。吸收衰减主要由电损耗或磁损耗引起，其大小与材料的厚度、电导率、磁导率以及电磁波的频率有关，如式(6-3)所示，通常采用提高磁导率、增加厚度等方式增大吸收衰减。

多重反射衰减(SE_m)指电磁波进入材料内部后在材料两壁之间来回多次反射造成的衰减，根据式(6-4)可计算得到。多重反射现象通常存在于多界面材料中，如电磁波在导电聚合物泡沫中传播时，当导电材料泡沫的泡沫壁厚度小于材料的趋肤深度(电磁波能量衰减为原来的$1/e$时所对应的材料厚度)，电磁波会在炮孔结构内多次反射，电磁场能量被转化为热能耗散掉。

SE、SE_r、SE_a、SE_m的计算公式如下：

$$SE = SE_r + SE_a + SE_m \tag{6-1}$$

$$SE_r = 168 - 10\lg\frac{f\mu_c}{\sigma} \tag{6-2}$$

$$SE_a = 1.31t\sqrt{f\sigma\mu_r} = 8.69\frac{t}{\delta} \tag{6-3}$$

$$SE_m = 20\lg(1 - e^{-2t/\delta}) \tag{6-4}$$

$$\delta = \frac{1}{\sqrt{\pi f\sigma\mu_c}} \tag{6-5}$$

式中：SE 为屏蔽效能；SE_r 为反射衰减；SE_a 为吸收衰减；SE_m 为多重反射衰减；f 为频率；μ_c 为材料相对于铜的磁导率；μ_r 为材料磁导率；σ 为材料相对于铜的电导率；t 为材料厚度；δ 为趋肤深度。

屏蔽材料的屏蔽效能与其相对于铜的电导率、磁导率、材料厚度、趋肤深度、频率有关。对于连续碳纤维增强复合材料而言，复合材料的磁导率为定值，在频率确定的情况下趋肤深度也为定值，所以复合材料的屏蔽效能仅与电导率和厚度相关。连续碳纤维增强复合材料属于各向异性导电填料构成的复合材料，纤维取向会影响复合材料的电导率，纤维含量也会影响电导率，打印时每层截面内仅沉积有一层碳纤维，打印层数会影响纤维厚度。因此，纤维取向、纤维含量、结构厚度是影响增材制造连续碳纤维增强复合材料屏蔽性能的关键因素，而这三个因素受到增材制造工艺参数填充角度、扫描间距、打印层数的直接影响。电磁屏蔽效能与三个参数之间的逻辑关系如图6-3所示。

第 6 章　复合材料功能结构一体化设计与增材制造

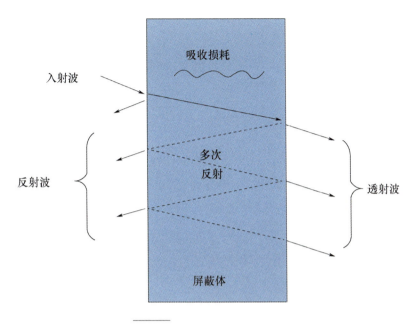

图 6-2　电磁屏蔽原理示意图

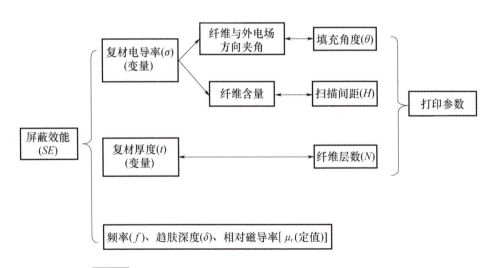

图 6-3　电磁屏蔽效能与增材制造工艺参数之间的逻辑关系图

填充角度(θ)即碳纤维与运动机构 Y 轴方向的夹角,可以影响碳纤维的取向,θ 也等于电磁屏蔽效能测试实验中电场方向与连续碳纤维轴向的夹角。扫描间距(H)指同一打印层内相邻两条碳纤维之的间距,可以影响纤维体积分数与质量分数。纤维体积分数、纤维质量分数与扫描间距的关系如式(6-6)与式(6-7)所示。

$$\upsilon = \frac{250\pi D^2}{LH} \quad (6-6)$$

$$\omega = \frac{\rho_{\text{fiber}} \upsilon}{\rho_{\text{fiber}} \upsilon + \rho_{\text{polymer}}(1-\upsilon)} \quad (6-7)$$

$$t = 0.5N \quad (6-8)$$

式中：υ 为碳纤维体积分数；D 为碳纤维单丝直径，7×10^{-6} m；L 为分层厚度，5×10^{-4} m；H 为扫描间距；t 为复合材料总厚度；N 为打印层数；ω 为碳纤维质量分数；ρ_{fiber} 为碳纤维的密度，1.76g/cm^3；ρ_{polymer} 为基体材料的密度。

图 6-4 为填充角度(θ)、扫描间距(H)、打印层数(N)的示意图。填充角度(θ)即碳纤维与运动机构 Y 轴方向的夹角，可以影响碳纤维的取向。为了研究打印参数填充角度(θ)、扫描间距(H)、打印层数(N)对屏蔽性能的影响规律，采用表 6-1 所列的工艺参数制造了 3 组增材制造连续纤维增强复合材料样件，并对样件的电磁屏蔽性能进行了测试。

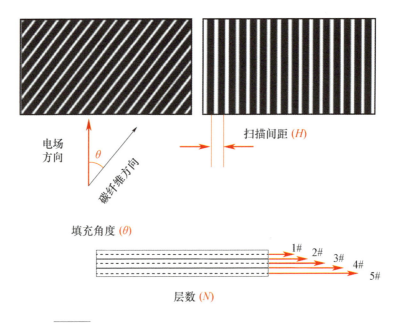

图 6-4　连续纤维增强复合材料挤出成形工艺参数示意图

表 6-1　3 组实验样件的打印参数

组别	变量参数	变量范围	其他参数
1	θ	0°, 30°, 45°, 60°, 90°	$H = 1.2$ mm, $N = 10$
2	H	0.8mm, 1.0mm, 1.2mm, 1.4mm, 1.6mm	$\theta = 0°/90°$, $N = 10$
3	N	2, 4, 6, 8, 10, 12	$H = 1.2$ mm, $\theta = 0°/90°$

根据测试标准 IEEE STD 299—2006，采用矩形波导测试系统测试材料在 8～12GHz 频段的屏蔽效能，样品截面尺寸为 22.86mm×10.16mm。测试时端口 1 发出电磁波，端口 2 接收电磁波，得到散射参数 S_{11}、S_{21}；端口 2 发出电磁波，端口 1 接收电磁波，得到散射参数 S_{22}、S_{12}。对于均质材料而言，$S_{11} = S_{22}$，$S_{12} = S_{21}$，因此利用 S_{22} 和 S_{21} 即可计算得到屏蔽效能，计算过程如下：

当 $SE_a > 15$dB 时，SE_m 可忽略不计，则有

$$SE = SE_a + SE_r \tag{6-9}$$

根据下列公式可计算得到 SE_r、SE_a：

$$SE_r = -10\lg(1 - |S_{11}|^2) \tag{6-10}$$

$$SE_a = -10\lg\left[\frac{|S_{21}|^2}{(1 - |S_{11}|^2)}\right] \tag{6-11}$$

6.2.2　增材制造连续碳纤维复合材料电磁屏蔽性能

1. 纤维取向对电磁屏蔽性能的影响

图 6-5 为填充角度（θ）不同的增材制造连续碳纤维复合材料样件的屏蔽效能测试结果，增材制造的连续碳纤维增强复合材料屏蔽效能与 θ 成反比，这一规律与传统工艺制造的连续碳纤维复合材料的屏蔽效能变化规律一致。θ 由 90°减小至 0°时，SE 由 6.8dB 增至 78.9dB，SE_r 由 1.9dB 增至 10.6dB 时，SE_a 由 4.9dB 增至 68.3dB。SE_r、SE_a 均与 θ 成反比，SE 的增加由 SE_a 和 SE_r 共同贡献，这主要是因为连续碳纤维增强复合材料处于电磁波提供的外加电场中，碳纤维与电场方向之间的夹角为 θ，电场可以分解为垂直分量 $E_\perp$（$E_\perp = E\sin\theta$）和平行分量 $E_{//}$（$E_{//} = E\cos\theta$），如图 6-6 所示。碳纤维单丝被基体材料包围，单丝之间没有良好的接触，所以在碳纤维截面方向几乎没有导电通道和电流，而在碳纤维的轴线方向存在良好的导电通道，可以形成感应电流。感应电流的强度与电场的平

行分量 $E_{//}$ 成正比，$E_{//}$ 与 θ 成反比，所以 θ 越小，$E_{//}$ 感应电流越大，反射越强，反射衰减（SE_r）越大。感应电流会产生电阻损耗，电流越大吸收损耗越大，因此，θ 越小 SE_a 越大。综上，若要获得高的 SE，复合材料的填充角度 θ 应尽量小。

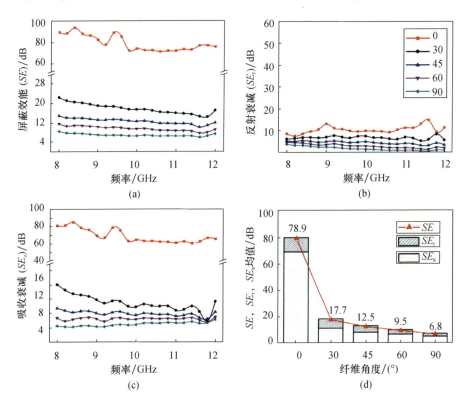

图 6-5 填充角度不同的 CCF/PLA 复合材料电磁屏蔽性能
（a）SE；（b）SE_r；（c）SE_a；（d）SE、SE_a、SE_r 的全频段均值。

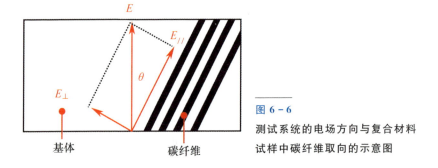

图 6-6
测试系统的电场方向与复合材料试样中碳纤维取向的示意图

2. 纤维层数对电磁屏蔽性能的影响

图 6-7 为纤维层数不同的连续碳纤维增强复合材料样件的屏蔽效能测试结果。N 由 2 增大至 10 时,SE 由 25dB 增至 70dB,SE_r 基本保持在 10~15dB,SE_a 由 10dB 增至 60dB。由此可知,当 N 增大时,SE 的增加主要由 SE_a 引起。SE_a 与 N 呈正相关是因为 N 增大时复合材料厚度增大,电磁波传播方向上碳纤维数量增加,可供电阻损耗的自由载荷子以及可供极化损耗的界面数量均增加。$N>10$ 时,SE、SE_a、SE_r 基本保持不变,表明在纤维含量一定的情况下,通过增大厚度提高 SE 的方式存在上限值。因为屏蔽效能除了受厚度影响之外,还受到电导率的影响显著,所以要进一步提高 SE,可从提高复合材料的纤维含量入手。

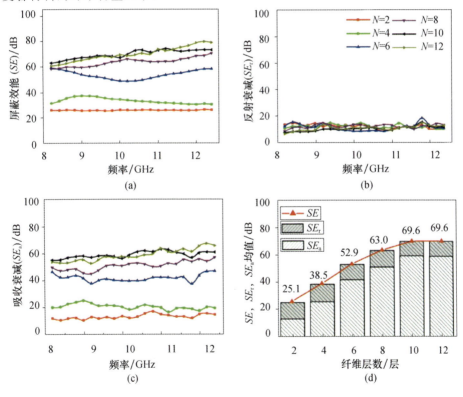

图 6-7 纤维层数不同的 CCF/PLA 复合材料的电磁屏蔽性能
(a)SE;(b)SE_r;(c)SE_a;
(d)SE、SE_a、SE_r 的全频段均值。

3. 纤维间距/含量对电磁屏蔽性能的影响

图 6-8 为扫描间距（H）不同的连续碳纤维复合材料样件的屏蔽性能测试结果。H 由 1.6mm 减小至 0.8mm 时，SE 由约 50dB 增至 75dB，SE_r 基本保持在 10dB 左右，SE_a 由约 40dB 增至 65dB。由此可知，H 对 SE_r 几乎不构成影响，SE 的增大主要由 SE_a 引起。SE_a 与 H 呈负相关是因为当 H 减小时，复合材料样件中的碳纤维含量增加。H 为 1.6mm、1.4mm、1.2mm、1.0mm、0.8mm 时，复合材料的纤维体积分数分别为 4.81%、5.50%、6.41%、7.69%、9.62%。随着碳纤维含量的增加，可供电损耗的自由载荷子以及可供极化损耗的界面数量均随之增加，吸收造成的电磁波衰减增强。此外，本组样件的 SE 高达 70dB，有力地证明了增材制造连续碳纤维增强复合材料屏蔽结构可以实现高反射、强屏蔽性能。

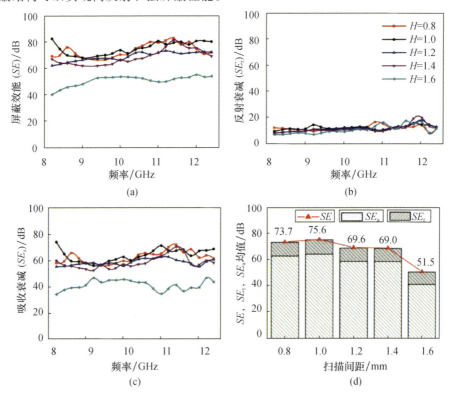

图 6-8 不同扫描间距的 CCF/PLA 复合材料的电磁屏蔽性能
(a) SE；(b) SE_r；(c) SE_a；(d) SE、SE_a、SE_r 的全频段均值。

6.2.3 增材制造连续碳纤维复合材料屏蔽性能对比分析

增材制造连续碳纤维增强复合材料屏蔽结构与其他电磁屏蔽复合材料在 X 波段的屏蔽性能及制造工艺如表 6-2 所列。对比发现，增材制造连续碳纤维增强复合材料屏蔽结构在屏蔽性能、减重效果以及制造工艺方面具有一定优势。

(1) 屏蔽性能方面：增材制造连续碳纤维增强复合材料的厚度大于 1mm 时，其屏蔽性能优于表中其他复合材料。厚度小于等于 1mm 时，其屏蔽性能处于中间水平。

(2) 减重效果方面：SE 与体密度 ρ 之比 $S-SE$(specific-SE)是衡量屏蔽结构减重效果的重要指标，其值越大，减重效果越好。本章节打印的纤维呈正交分布的连续碳纤维复合材料屏蔽结构的 $S-SE$ 最大值为 58dB·cm³/g($SE=75.6$dB，$\rho=1.29$ g/cm³)，各向异性屏蔽结构 $S-SE$ 最大值为 61dB·cm³/g($SE=78.9$dB，$\rho=1.29$ g/cm³)，远大于绝大多数电磁屏蔽材料，如金属(10dB·cm³/g)、碳纳米管泡沫(33.1dB·cm³/g)、石墨烯复合材料(17~25dB·cm³/g) 等。

(3) 制造工艺方面：文献中大多数复合材料屏蔽结构采用浇铸和模压成形，复杂结构形状成形难度较大，模具制作会拉高生产成本并延长生产周期。尤其对于纳米材料增强的复合材料屏蔽结构而言，纳米材料的分散过程较为繁琐。本章节采用材料挤出成形增材制造工艺制造屏蔽结构，制造过程无需模具，生产周期短、成本低、材料利用率高、复杂结构成形能力强，可选用的基体材料种类众多，涵盖了绝大多数热塑性树脂，可以根据不同的使用需求选择合适的基体材料。

表 6-2 增材制造的连续碳纤维增强复合材料屏蔽结构的屏蔽性能与制造工艺

材料	厚度/mm	屏蔽效能/dB	频率/GHz	制造工艺
石墨烯/PBAT	1	14	8.2~12.4	模压成形
石墨烯/PSAN	1	47.1	8~12	模压成形
Ni-CNT/wax	2	30	2~18	浇铸成形
CNT/EP	2	33	8~12	浇铸成形-机械加工
石墨烯/CNT/SEBS	2	36.7	8.2~12.4	模压成形

续表

材料	厚度/mm	屏蔽效能/dB	频率/GHz	制造工艺
MWCNTs/PE	3	28~32	8.2~12.4	浇铸成形
CF/SiC	3	43±1.4	8.2~12.4	化学气相沉积－机械加工－抛光
CF/PP	3.2	24.9	8~12.4	发泡－注塑成形
CF/CI/EP	4	53.9	8~12	真空袋成形
CNT/WPU	4.5	50	8.2~12.4	冻干－浇铸成形
CF/EVA/NBR	5	54~60	8.2~12.4	模压成形
RGO-CF/EP	6	37.6	8.2~12.4	浇铸成形
CCF/PLA	1	25.1	8.2~12.4	增材制造（材料挤出成形）
CCF/PLA	2	38.5	8.2~12.4	增材制造（材料挤出成形）
CCF/PLA	3	52.9	8.2~12.4	增材制造（材料挤出成形）
CCF/PLA	4	63.0	8.2~12.4	增材制造（材料挤出成形）
CCF/PLA	5	69.6	8.2~12.4	增材制造（材料挤出成形）
CCF/PLA	6	69.6	8.2~12.4	增材制造（材料挤出成形）

注：PBAT——己二酸丁二醇酯；PSAN——苯乙烯－共丙烯腈；SEBS——苯乙烯－b－乙烯－丁烯－b－苯乙烯；WPU——水性聚氨酯；EVA——乙烯醋酸乙烯酯；NBR——丁腈橡胶。

6.3 复合材料吸波结构与性能

超材料（metamaterial）是一种人工设计制造的点阵结构体，通过控制其单元结构能灵活调控电磁响应，利用吸波复合材料构造三维超材料结构可以实现高吸波性能。2014年，武汉理工大学官建国团队用石蜡基羰基铁复合材料（CI/wax）构造了厚3.7mm的三级方形台阶超材料，吸收带宽为4.2~40GHz，采用浇铸成形。2017年，西北工业大学殷小玮利用αFe/环氧树脂复合材料（αFe/EP）构造了厚5.5mm的二级方形台阶结构超材料，如图6-9所示，吸收带宽为2.6~40GHz，采用数控加工工艺制造。2018年，中南大学Huang等用羰基铁/多壁碳纳米管/环氧树脂复合材料（CI/WMCNT/EP）构建了厚7mm的四级方形台阶超材料，有效吸收带宽达 30GHz(2～2.36GHz、6.54～19.36 GHz、19.89～21.57 GHz、25.1～40GHz)，采用模具浇铸成形工艺制造。同年，他们还用手糊工艺和真空模压工艺在超材料结构背面增加了碳纤维增强层，提高了复合结构的抗压能力。2019 年，中国科学院 Li 等采用模板法－热解法制造了碳化硅/聚氨酯泡沫材料(SiC/PU Foam)的双层台阶超材料，结构厚 10mm，吸收带宽为 4～18GHz。北京化工大学 Zhang 等制造了还原氧化石墨烯/聚丙烯复合材料(RGO/PP)纤维布，通过机械切割与胶结的工艺制造了厚 15mm 的二级方形台阶结构，有效吸收带宽为 2～40GHz。同年，北京理工大学方岱宁等利用柔性碳基铁/氢化丁腈橡胶复合材料(CI/NBR)构造了厚 5mm 的三级组合形状的台阶结构，吸波带宽为 2～30GHz，采用数控加工及热压成形工艺制造。

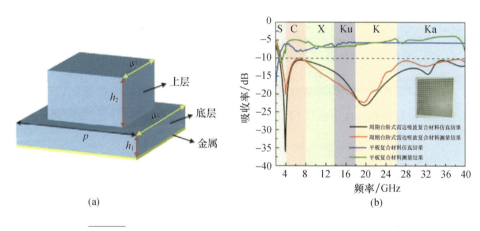

图 6-9 αFe/EP 复合材料构造的二级台阶型超材料吸波结构
(a)超材料单元结构示意图；(b)吸波结构的反射率。

将三维超材料与连续碳纤维增强复合材料屏蔽结构复合，有望实现承载、吸波功能集成的高性能吸波结构。然而现有设计制造手段无法实现该复合结构的一体化设计与制造，限制了其应用。为了解决超材料吸波复合结构的材料、结构、功能一体化设计与制造问题，本章节基于石墨烯/连续纤维增强复合材料增材制造技术提出一种超材料吸波复合结构设计制造方法，如图 6-10 所示。采用石墨烯复合材料梯度结构作为复合结构中的吸波结构，采用连续碳纤维增强复合材料作为复合结构中的电磁屏蔽结构，采用增材制造集成制造技术实现复合结构一体化成形。

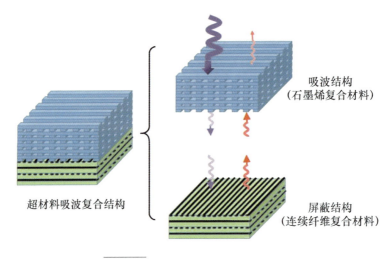

图 6-10　超材料吸波复合结构示意图

6.3.1　超材料吸波复合结构设计

超材料吸波复合结构的设计主要包含吸波材料基本电磁参数测试、超材料单胞设计、超材料梯度吸波结构设计和连续碳纤维复合材料反射衬板设计。

1. 吸波复合材料电磁参数测试

采用石墨烯复合材料作为构造超材料的原材料，采用双端口网络测试平台测试石墨烯质量分数为 0%～5% 的石墨烯掺杂聚乳酸基（RGO/PLA）复合材料的电磁参数，测试结果如图 6-11 所示。如图 6-11(a) 所示，介电常数实部 ε' 随着 RGO 含量的增大而增大，主要是因为复合材料具有电子极化与界面极化效应，RGO 含量增加，极化效应增强，则 ε' 增大。如图 6-11(b) 所示，介电常数虚部 ε'' 随着 RGO 含量的增大而增大，主要是因为 RGO/PLA 复合材料有多种损耗机制，这些损耗机制随着 RGO 含量的增大而增强。RGO 与 PLA 的界面处会产生界面极化与极化弛豫，使电磁场能量转化为热能，RGO 的小尺寸效应可使碳原子的电子能级发生分裂，分裂的能级间隔与微波对应的能量范围接近，因此 RGO/PLA 复合材料具有纳米效应所带来的电磁能量损耗。如图 6-11(c) 所示，介电损耗角正切 $\tan\delta$ 基本随着 RGO 含量的增加而增大，尤其当 RGO 含量为 5% 时，$\tan\delta$ 值在 0.6～1.5 范围内波动，均值高达 0.86。可见，RGO/PLA 复合材料已经具备了高性能吸波材料的两大必要条件之一——高损耗能力。

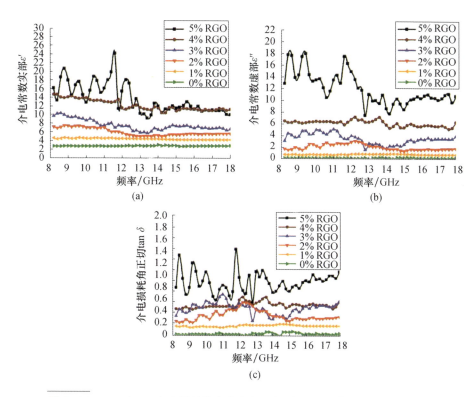

图 6-11 RGO/PLA 复合材料的介电常数实部 ε'、虚部 ε'' 与损耗角正切 $\tan\delta$

(a) 介电常数实部 ε'；(b) 介电常数虚部 ε''；(c) 介电损耗角正切 $\tan\delta$。

2. 超材料单胞设计

采用如图 6-12 所示的木堆结构作为超材料单胞结构，单胞由两个长方体正交堆叠构成，长方体的长宽高分别为 a、w、$a/4$，单胞长宽高分别为 a、a、$a/2$，a 为常数，w 为变量。

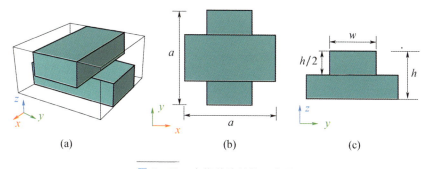

图 6-12 木堆单胞结构示意图

(a) 透视图；(b) 顶视图；(c) 左视图。

1)晶格常数 a 的选择

晶格常数 a 除了需满足亚波长尺度的要求之外,还受到打印工艺的制约。木堆结构中有大量的悬空部分。因为这类悬空结构的支撑材料很难去除,所以只能无支撑打印。a 越大意味着无支撑打印的距离越长,结构塌陷也越严重。反复实验后发现 $a>2$mm 时,上层单柱开始陷落在本应是空气的下层区域内,a 继续增大,塌陷越显著。为了保证木堆结构的成形精度,选取 a 为 1.6mm。

2)柱宽 w 的选择

柱宽的选择受打印工艺最小成形尺寸和成形精度的共同制约。RGO/PLA 复合材料挤出成形所用的喷嘴直径最小为 0.8mm,复合材料的最小线宽为 0.8mm,因此 $w \geqslant 0.8$mm。当喷嘴为 0.8mm 时,成形精度约为 0.3mm,因此 w 的步长应满足 $\Delta w \geqslant 0.3$mm。综合上述情况,w 的取值选定为 0.8mm、1.2mm、1.6mm。

采用 6 种 RGO 含量的 RGO/PLA 复合材料,分别构造柱宽 w 为 1.6mm、1.2mm、0.8mm 的木堆结构,得到如表 6-3 所列的 18 种单胞结构。

表 6-3 RGO/PLA 复合材料的 18 种木堆单胞

单胞序号	RGO 含量/质量分数百分比	柱宽 w/mm
1#	5	1.6
2#	5	1.2
3#	5	0.8
4#	4	1.6
5#	4	1.2
6#	4	0.8
7#	3	1.6
8#	3	1.2
9#	3	0.8
10#	2	1.6
11#	2	1.2
12#	2	0.8
13#	1	1.6

续表

单胞序号	RGO 含量/质量分数百分比	柱宽 w/mm
14#	1	1.2
15#	1	0.8
16#	0	1.6
17#	0	1.2
18#	0	0.8

3. 超材料梯度阻抗吸波结构设计

根据等效介质理论可计算 18 种单胞的等效介电常数 ε_{eff}、本征阻抗 Z_i 和衰减系数 α。

$$\varepsilon_{eff} = f\varepsilon_r + (1-f) \tag{6-12}$$

$$f = \frac{w}{a} \tag{6-13}$$

$$Z_i = Z_0 \times \sqrt{\frac{\mu_r}{\varepsilon_{eff}}} \tag{6-14}$$

$$\gamma = j2\pi f_c \frac{\sqrt{\varepsilon_{eff}}\mu_r}{c} = \alpha + \beta_j \tag{6-15}$$

$$\alpha = \gamma - \beta_j \tag{6-16}$$

式中：ε_{eff} 为等效介电常数；w 为木堆单胞柱宽；f 为木堆单胞的材料占空比；a 为单胞的晶格常数；Z_i 为本征阻抗；Z_0 为自由空间/空气本征阻抗，377Ω；γ 为传播常数；f_c 为电磁波频率；c 为真空中的电磁波波速，3×10^8 m/s；α 为传播常数实部，衰减常数；β 为传播常数虚部，相位常数。

图 6-13 为 18 个单胞的本征阻抗 Z_i 与衰减系数 α。根据以下原则从 18 种单胞中挑选出 Z_i 呈均匀梯度增加的单胞。

(1) 若同一阻抗等级内仅有一个单胞，则选择该单胞。

(2) 若同一阻抗等级内有多单胞，优先选择衰减系数 α 值较大的单胞，因为衰减系数较大意味着材料的电磁波损耗能力更强。

(3) 若多个单胞的 Z_i 与 α 都属于相同级别，则优先选择柱宽较小的单胞，因为柱宽小的单胞平均密度小，有益于结构减重。

将挑选出的 9 种单胞(1#、2#、3#、8#、9#、12#、15#、17#、

18#)按照阻抗由小到大的顺序排布,得到阻抗分布的 3~9 层梯度阻抗吸波结构,如图 6-14 所示,并用材料挤出增材制造工艺制造面积为 180mm×180mm 的反射率测试样件。

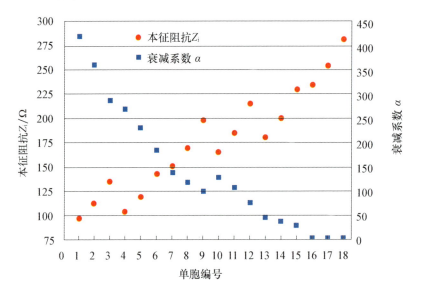

图 6-13 单胞的本征阻抗与衰减系数

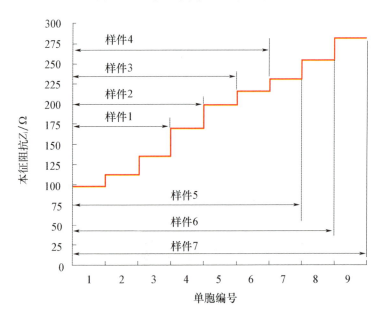

图 6-14 梯度超材料结构的阻抗分布

使用自由空间法测试超材料吸波结构的反射率，测试系统如图 6-15 所示。图 6-16 为 3~9 层梯度复合材料吸波结构在 8~18GHz 频段的反射率。带宽方面，当层数 $m=3$ 时，无有效吸收带宽，层数 $m \geqslant 4$ 时，出现有效吸收带宽，且带宽随层数的增加而拓宽。4层、5层、6层、7层、8层、9层结构的有效吸收带宽依次为 2GHz（15.2~17.2GHz）、6.6GHz（11.4~18GHz）、7.8GHz（9.4~17.2GHz）、10GHz（8~18GHz）、10GHz（8~18GHz）、10GHz（8~18GHz）。带宽拓宽主要是由于层数增多，梯度吸波结构与空气的阻抗差值减小、阻抗匹配度提高。吸收峰方面，层数 $m=3$ 时，无吸收峰，当层数 $m \geqslant 4$ 时，出现吸收峰，且吸收峰值随层数的增加先增大后减小，这是因为吸波结构的厚度增加导致石墨烯复合材料对电磁波的损耗增大，到达反射衬板的能量减小，被金属衬板反射的能量减小，入射波与反射波的谐振作用减弱，干涉损耗降低。在 8~18GHz 内 7~9 层结构带宽最宽，吸波性能相对较好，由于 7 层结构的吸收峰值更小，质量更轻，因此选择该结构作为吸波复合结构中的吸波层。

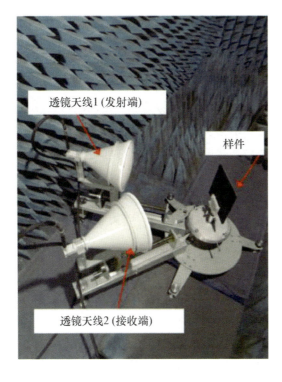

图 6-15
反射率测试系统

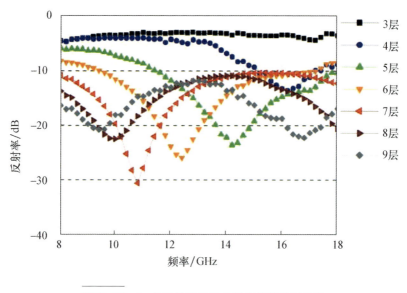

图 6-16 3~9 层的梯度复合吸波结构的反射率

4. 连续碳纤维复合材料电磁屏蔽结构设计

用增材制造连续碳纤维复合材料作为多功能复合材料集成结构中的电磁屏蔽结构。由于十字交叉的碳纤维排布方式可以减弱复合材料的各项异性,因此令纤维填充角度为 0°或 90°。由于纤维层数和纤维间距对连续碳纤维复合材料的屏蔽性能、反射性能、结构重量、加工耗时影响显著,因此需对不同纤维层数和纤维间距的屏蔽结构进行对比,选出高屏蔽效能、高反射率、质量轻、制造耗时短的屏蔽结构方案。

表 6-4 所列为层数不同、扫描间距不同的 10 个连续碳纤维屏蔽结构的屏蔽性能,图 6-17 为屏蔽结构的面密度与加工耗时。从增强屏蔽、减轻重量、缩短制造周期的角度将 1~10 号屏蔽结构进行对比分析和选择。(1)屏蔽性能方面,本章节构造的复合结构面向航空航天及军用领域,这一领域要求 $SE>$ 60dB,故 4~9 号结构满足要求。(2)减重效果方面,4~8 号结构中 4 号结构质量最轻,面密度为 $5.14 kg/m^2$,如图 6-17(a)所示。(3)加工耗时方面,4~8 号结构中 4 号结构耗时最短,约为 $5.8d/m^2$,如图 6-17(b) 所示。综上,选择 4 号连续碳纤维增强复合材料屏蔽结构作为复合结构中的屏蔽结构,纤维含量质量分数为 8.9%(6.4%体积分数),厚度为 4.0mm。

表 6-4 连续碳纤维增强复合材料屏蔽结构的屏蔽效能与反射率

编号	扫描间距/mm	层数	纤维含量质量分数/%	厚度/mm	SE/dB
1	1.2	2	8.9	1	25.1
2	1.2	4	8.9	2	38.5
3	1.2	6	8.9	3	52.9
4	1.2	8	8.9	4	63.0
5	1.2	10	8.9	5	69.6
6	1.2	12	8.9	6	69.6
7	0.8	10	13.1	5	73.7
8	1.0	10	10.6	5	75.6
9	1.4	10	7.6	5	69.0
10	1.6	20	6.7	5	51.1

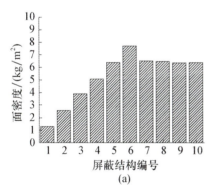 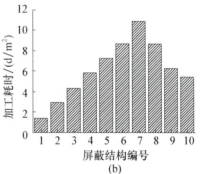

图 6-17 屏蔽结构的面密度与加工耗时

（a）面密度；（b）屏蔽结构的加工耗时。

6.3.2 吸波复合结构增材制造

本章节基于多种复合材料挤出成形工艺，提出了超材料吸波复合材料结构一体化成形方法，即增材制造多工艺集成制造方法。石墨烯复合材料与连续碳纤维增强复合材料的挤出成形工艺虽然在成形设备和成形机理方面有所不同，但二者同属材料挤出工艺体系，当两种复合材料的基体材料相同时，打印温度基本一致，不会出现后续加工过程破坏已加工部分的情况，两种复合材料的界面结合也较为容易。因此本章节提出基于多种复合材料挤出成形工艺的增材制造多工艺集成制造方法,用于吸波复合结构的制造。

吸波复合结构的增材制造过程如图 6-18 所示,首先利用连续纤维增强复合材料挤出成形工艺制造连续碳纤维增强复合材料屏蔽结构,然后将屏蔽结构移动到石墨烯复合材料挤出成形 3D 打印机的基板上,利用 3D 打印胶水或胶带将其固定,最后在连续碳纤维增强复合材料的上表面打印石墨烯复合材料梯度吸波结构。

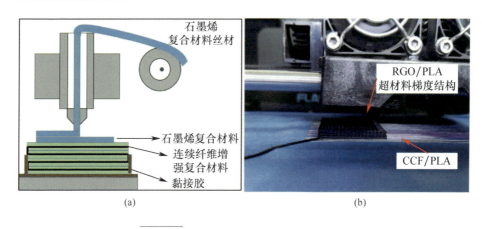

图 6-18　超材料吸波复合结构增材制造

(a)示意图;(b)实物图。

6.3.3　超材料吸波复合结构吸波性能

图 6-19 为吸波复合结构在 2~40GHz 频率范围内的反射率(红色曲线)。复合结构的有效吸收带宽为 32GHz(4.5~14.5GHz,17~39GHz),相对带宽为 142%,有 3 个吸收峰,分别位于 6GHz、11GHz、22.5GHz 频率处,峰值分别为 -20.7dB、-32.9 dB、-25.7 dB,最小吸收峰值为 -32.9dB。作为对照,黑色曲线为铝合金作为反射衬板的 7 层石墨烯复合材料吸波结构的反射率,有效吸收带宽为 35.5GHz(4.5~40GHz),相对带宽为 160%,3 个吸收峰分别位于 5GHz、11GHz、21GHz 频率处,最小吸收峰值为 -35.5dB。上述结果表明复合结构具有超带宽、强吸收的吸波特性。与铝合金作为反射衬板的吸波结构相比,连续碳纤维作为反射衬板的复合结构带宽略窄,K 波段吸收峰值略大。这主要是因为与铝合金相比,连续碳纤维复合材料的电导率低、反射波强度低,

二次吸收以及四分之一波长干涉效应造成的电磁损耗较少。可以采用镀铜连续碳纤维等导电性更强的连续纤维作为电磁屏蔽复合材料的增强相，进一步提高屏蔽结构的反射特性，降低复合结构的反射率峰值。

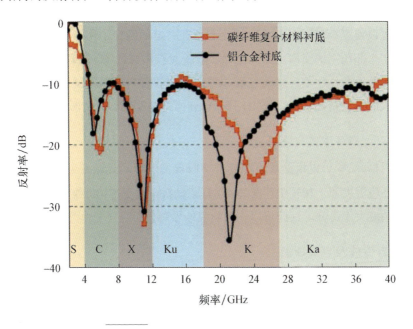

图 6-19　超材料吸波复合结构的反射率

6.4　智能复合材料结构

6.4.1　4D 打印——智能结构 3D 打印

4D 打印技术是在 3D 打印技术基础上发展出来的增材制造工艺，其原理是在 3D 打印过程中控制智能材料或多材料的物理性能或材料分布，使所制备零件能够响应外界刺激而产生自动的、可控的变形。对于由两种或多种具有不同膨胀性能、不同模量的材料组成的复合材料，如果它们在复合材料内部具有非均匀或各向异性的分布状态，那么这种材料在特定的外界刺激（如温度、湿度或光照等）下由于非均匀膨胀作用会产生弯曲、扭转等变形。

采用 4D 打印所制备的智能复合材料结构一般具备如下几个特征。

1. 自折叠自展开特性

4D 打印材料可以使任意复杂的形状折叠成平面或其他空间形状的几何体，且这种折叠-展开的过程是可逆的。相较于传统的柔性自折叠材料，连续纤维的嵌入可以使复合材料在柔性的基础上具有一定的刚性，使结构不容易在外力作用下产生非预期的变形。除此之外，对于颗粒增强的 4D 打印复合材料而言，其嵌入颗粒取向往往难以精确控制，导致得到的材料变形精度较差。而连续纤维分布取向可以精确控制，使 4D 打印得到的结构有较高的变形精度。

2. 可适应环境的自变形能力

4D 打印结构可以根据外界环境条件而自发变形，其触发条件包括光强度、温度、环境湿度等。相较于传统的 4D 打印材料，由于连续纤维嵌入可以使材料的变形精度大大提升，因此可以作为响应外界刺激而自发变形的功能材料。

3. 自传感及自反馈能力

柔性机器人是一种由可变形材料组成的机器人，它比传统的刚性机器人具有更灵活的运动能力，如图 6-20 所示。4D 打印技术制备的柔性结构由于具有自传感及自反馈能力，可以用于制造柔性机器人等复杂智能结构。4D 打印技术制备的柔性机器人还可用于航海等领域，通过模仿水母、鳐鱼、章鱼等柔性生物的运动，可以在地貌复杂的深海环境进行长期作业。

另外，4D 打印制备的柔性机器人可以将传感、反馈与致动集于一身，因此不再需要电机等刚性结构实现变形驱动，可使其体积大大压缩。

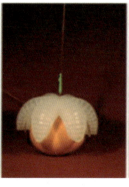

图 6-20　柔性机器人

4. 结构的自修复特性

通过 4D 打印技术制备的材料往往具有变形的可修复性，在其结构受损后，可以通过可控的自修复过程使其恢复为原来的形状。

6.4.2 智能复合材料结构 4D 打印

1. 静态应力驱动的复合材料结构设计与变形

苏黎世理工大学 Studart 教授团队受松果吸水膨胀变形机理的启发，采用磁场控制短纤维分布方向的制造方法，以水凝胶为基体材料，通过控制其中短纤维分布方向来实现结构的可控变形。哈佛大学 Lewis 教授团队基于同样的变形机理提出了仿生 4D 打印技术，以短纤维混合水凝胶为原材料，通过工艺参数的调控实现了可控变形结构的制造，如图 6-21 所示。

通过控制短切纤维分布方向实现各项异性吸水膨胀，实现了单一材料可控变形结构的制造，避免了基于形状记忆聚合物的智能结构 4D 打印所面临的多材料工艺复杂、难以定量控制的缺点。然而现有材料体系多以水凝胶作为基体材料，以吸水膨胀作为变形驱动力，变形环境要求苛刻，且短纤维增强效果有限，难以实现承载与变形的多功能集成。

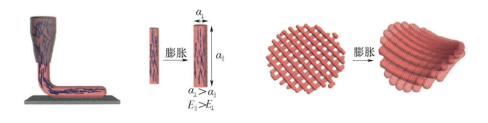

图 6-21 短纤维水凝胶混合物打印与吸水膨胀变形机理

2. 弹跳突变驱动的复合材料结构设计与变形

如图 6-22 所示，德国魏茨曼科学研究学院 Wagner 教授与哈佛大学合作，开展植物组织变形机理的研究，建立了预测复杂生物复合材料变形的通用模型，并以捕蝇草结构为例，验证了双层异质复合材料结构的吸水变形功能。苏黎世理工大学 Studart 教授与普渡大学合作，受捕蝇草启发开展了可编程突变复合材料结构研究，利用旋转磁场调控吸附 Fe_3O_4 纳米颗粒的 Al_2O_3 微米薄片在环氧树脂中的分布，获得各项异性的复合材料薄层，多层叠加形成双稳态变形复合材料结构。韩国国立首尔大学 Kyu-Jin Cho 教授团队受捕蝇草启发，利用形状记忆合金（SMA）作为驱动装置，以非对称复合材料叠层板作为双稳态叶瓣结构，进行弹跳突变变形机构的仿生设计，在 100ms 内实现人工叶瓣曲率变化了 $18m^{-1}$。

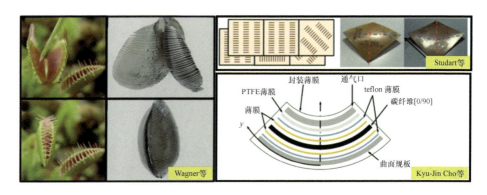

图 6-22 基于各向异性纤维分布的复合材料弹跳突变结构仿生制造

受捕蝇草结构启发，通过调控纤维分布方向获得各向异性多层复合材料结构，实现了基于弹跳突变的快速变形复合材料结构，克服了静态应力驱动的复合材料结构变形速度缓慢的问题，变形应力、应变量均得以大幅度提高，采用电热驱动突破了吸水膨胀变形方式，使复合材料更具有实用价值。

3. 复合材料分布式嵌入传感与制造

如图 6-23 所示，缅因大学 Shahinpoor 教授利用 IPMC 作为材料，对捕蝇草叶瓣触发及响应过程进行了仿生，实现了具有分布式传感功能的可变形仿生捕蝇机器人。马里兰大学 Baz 教授团队提出了无线链接的分布式传感技术，通过刻蚀工艺在柔性基体材料制作铬/金传感器，可用于对变体飞行器变形过程的检测和重构。哈佛大学 Chang 教授团队受人体皮肤和神经系统启发，提出了在柔性基体上嵌入可伸缩团簧导线（碳纤维、Pt 线等），可实现分布式传感，用于检测变体飞行器的变形过程。哈佛大学 Lweis 教授提出了一种嵌入式 3D 打印技术，用于在柔性基体内部制造具有共形能力的嵌入式传感器，可用于检测柔性基体的分布式变形。浙江大学 Luan 教授团队采用碳纤维作为传感器，直接嵌入到 3D 打印的栅格结构中，不仅提高了原有结构的力学性能，还可对结构健康状况进行监测。

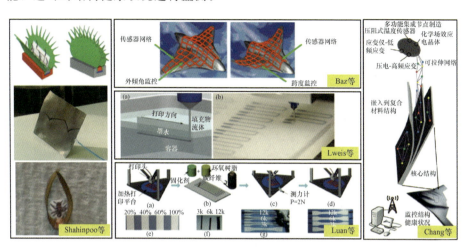

图 6-23　复合材料分布式嵌入传感与仿生制造

受生物分布式嵌入传感启发，通过制造工艺手段的提升，实现了嵌入式传感与结构一体化制造，克服了传统光纤布拉格光栅（FBG）等对结构完整性的破坏，也使得分布式传感成为了可能。

自然进化而来的纤维可控分布使得植物组织能够实现特定的变形功能，启发了可变形复合材料结构的设计与制造，成为智能结构发展的制高点。连续纤维增强复合材料 3D 打印工艺可实现纤维分布的精确调控，将成为可控变形复合材料结构设计与 4D 打印制造的有效手段与使能技术。

4. 可控变形连续纤维增强复合材料结构 4D 打印

利用连续纤维增强复合材料 3D 打印工艺，可以制备连续纤维嵌入的复合材料，通过工艺参数优化，研究了纤维取向对复合材料变形的影响规律，从而实现了智能材料结构发生可控稳定变形。图 6-24 为 $k_a \cdot k_b = 0$（只有一列纤维）、$k_a \cdot k_b > 0$（两列纤维分布在复合材料同一侧）、$k_a \cdot k_b < 0$（两列纤维分布在复合材料两侧）时，复合材料在不同温度下的形状变化规律。通过理论分析和实验验证的手段，可以得出纤维取向与曲面曲率的关系：当两列纤维在复合材料同一侧时，曲面的主曲率方向为两列纤维的锐角平分线方向，主曲率大小与 $\sec^2(\theta/2)$ 成正比（其中，θ 为两列纤维夹角）；当两列纤维在复合材料两侧时，曲面的主曲率方向与其中一列纤维方向垂直，曲面的主曲率

大小与 $\csc^2\theta$ 成正比。在此基础上得到了纤维取向与曲面形状的关系,为可控变形设计提供了理论基础。

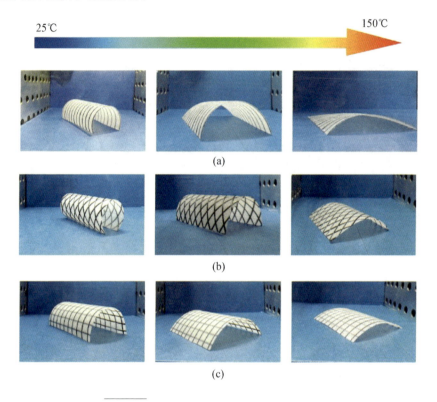

图 6-24 复合材料在不同温度下的形状变化
(a) $k_a \cdot k_b = 0$;(b) $k_a \cdot k_b > 0$;(c) $k_a \cdot k_b < 0$。

根据以上理论规律以及微分几何原理,得到了任意可展曲面所需的纤维轨迹线方程。例如,对于用 $r = (f(u), g(u), v)$ 表示的任意柱面,其对应的纤维轨迹线方程可以表示为

$$\begin{cases} \dfrac{\mathrm{d}x}{\mathrm{d}u} = \sqrt{f_u^2 + g_u^2} \\ \dfrac{\mathrm{d}y}{\mathrm{d}u} = \pm \sqrt{\dfrac{1}{k_a} \dfrac{|f_{uu}g_u - f_u g_{uu}|}{\sqrt{f_u^2 + g_u^2}} - (f_u^2 + g_u^2)} \end{cases} \quad (6-17)$$

其余可展曲面,如锥面、切线面等,均采用相同的理论手段进行求解。图 6-25 为圆锥面、椭圆柱面、渐开线螺旋面的纤维轨迹线和变形后的形状。对于不可展曲面,也通过近似拟合的方法变形得到,实现了连续纤维嵌入复

合材料的可控变形设计。

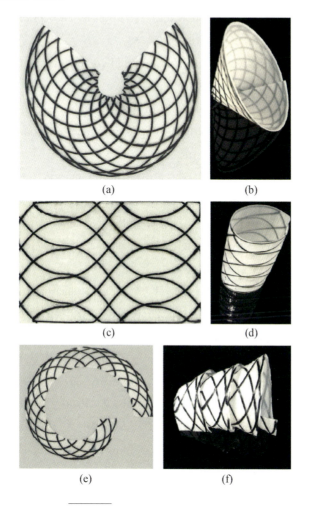

图 6-25　不同形状纤维走向设计

(a)根据圆锥曲面求解的纤维轨迹线；(b)变形得到的圆锥曲面；
(c)根据椭圆柱面求解的纤维轨迹线；(d)变形得到的椭圆柱面；
(e)根据渐开线螺旋面求解的纤维轨迹线；(f)变形得到的渐开线螺旋面。

参考文献

[1] MICHELI D，VRICELLA A，PASTORE R，et al. Ballistic and electromagnetic shielding behaviour of multifunctional Kevlar fiber reinforced epoxy composites modified by carbon nanotubes[J]. Carbon，2016，104：141-56.

[2] ROHINI R, BOSE S. Electrodeposited carbon fiber and epoxy based sandwich architectures suppress electromagnetic radiation by absorption[J]. Composites Part B: Engineering, 2019, 161: 578 – 85.

[3] TONG X C. Advanced materials and design for electromagnetic interference shielding[M]. Boca Raton: CRC Press, 2008.

[4] FENG J, PU F Z, LI Z X, et al. Interfacial interactions and synergistic effect of CoNi nanocrystals and nitrogen – doped graphene in a composite microwave absorber[J]. Carbon, 2016, 104: 214 – 25.

[5] LI Y, SHEN B, PEI X L, et al. Ultrathin carbon foams for effective electromagnetic interference shielding[J]. Carbon, 2016, 100: 375 – 85.

[6] SHEN B, LI Y, YI D, et al. Microcellular graphene foam for improved broadband electromagnetic interference shielding[J]. Carbon, 2016, 102: 154 – 60.

[7] HUANG X, YAN X, XIA L, et al. A three – dimensional graphene/Fe_3O_4/carbon microtube of sandwich – type architecture with improved wave absorbing performance[J]. Scripta Materialia, 2016, 120: 107 – 111.

[8] ZHANG N, HUANG Y, ZONG M, et al. Coupling $CoFe_2O_4$ and SnS_2 nanoparticles with reduced graphene oxide as a high – performance electromagnetic wave absorber [J]. Ceramics International, 2016, 42(14): 15701 – 15708.

[9] SHA L N, GAO P, WU T T, et al. Chemical Ni – C Bonding in Ni – Carbon nanotube composite by a microwave welding method and its induced high – frequency radar frequency electromagnetic wave absorption[J]. ACS applied materials & interfaces, 2017, 9(46): 40412 – 19.

[10] CHEN Y, ZHANG H B, YANG Y, et al. High – performance epoxy nanocomposites reinforced with three – dimensional carbon nanotube sponge for electromagnetic interference shielding[J]. Advanced Functional Materials, 2016, 26(3): 447 – 55.

[11] KUESTER S, DEMARQUETTE N R, FERREIRA J J C, et al. Hybrid nanocomposites of thermoplastic elastomer and carbon nanoadditives for electromagnetic shielding[J]. European Polymer Journal, 2017, 88: 328 – 39.

[12] SENG L Y, WEE F H, RAHIM H A, et al. EMI shielding based on MWCNTs/polyester composites[J]. Applied Physics A, 2018, 124(2): 140.

[13] CHEN L Q, YIN X W, FAN X M, et al. Mechanical and electromagnetic shielding properties of carbon fiber reinforced silicon carbide matrix composites[J]. Carbon, 2015, 95: 10 - 9.

[14] AMELI A, JUNG P U, PARK C B. Electrical properties and electromagnetic interference shielding effectiveness of polypropylene/carbon fiber composite foams[J]. Carbon, 2013, 60: 379 - 91.

[15] HU T, WANG J, WANG J L, et al. Electromagnetic interference shielding properties of carbonyl iron powder - carbon fiber felt/epoxy resin composites with different layer angle[J]. Materials Letters, 2015, 142: 242 - 45.

[16] ZENG Z H, JIN H, CHEN M J, et al. Lightweight and anisotropic porous MWCNT/WPU composites for ultrahigh performance electromagnetic interference shielding[J]. Advanced Functional Materials, 2016, 26(2): 303 - 10.

[17] RAHAMAN M, CHAKI T K, KHASTGIR D. High - performance EMI shielding materials based on short carbon fiber - filled ethylene vinyl acetate copolymer, acrylonitrile butadiene copolymer, and their blends[J]. Polymer Composites, 2011, 32(11): 1790 - 805.

[18] WU J M, CHEN J, ZHAO Y Y, et al. Effect of electrophoretic condition on the electromagnetic interference shielding performance of reduced graphene oxide - carbon fiber/epoxy resin composites [J]. Composites Part B: Engineering, 2016, 105: 167 - 75.

[19] YIN L X, TIAN X Y, SHANG Z T, et al. Characterizations of continuous carbon fiber - reinforced composites for electromagnetic interference shielding fabricated by 3D printing[J]. Applied Physics A, 2019, 125(4): 266.

[20] LI W, WU T L, WANG W, et al. Broadband patterned magnetic microwave absorber[J]. Journal of Applied Physics, 2014, 116(4): 044110.

[21] ZHOU Q, YIN X W, YE F, et al. A novel two - layer periodic stepped structure for effective broadband radar electromagnetic absorption [J]. Materials & Design, 2017, 123: 46 - 53.

[22] HUANG Y X, SONG W L, WANG C, et al. Multi - scale design of electromagnetic composite metamaterials for broadband microwave absorption[J]. Composites Science and Technology, 2018, 162: 206 - 14.

[23] LI W C, LI C S, LIN L H, et al. All - dielectric radar absorbing array

metamaterial based on silicon carbide/carbon foam material[J]. Journal of Alloys and Compounds,2019,781:883-91.

[24] ERB R M,SANDER J S,GRISCH R,et al. Self-shaping composites with programmable bioinspired microstructures[J]. Nature Communications,2013,4:1712.

[25] GLADMAN A S,MATSUMOTO E A,NUZZO R G,et al. Biomimetic 4D printing[J]. Nature Materials,2016,15(4):413-418.

[26] BAR-ON,SUI X M,et al. Structural origins of morphing in plant tissues[J]. APPL PHYS LETT,2014,105(3):033703.

[27] SCHMIED J U,FERRAND H L,ERMANNI P,et al. Programmable snapping composites with bio-inspired architecture[J]. Bioinspiration & Biomimetics,2017,12(2):026012.

[28] KIM S W,KOH J S,LEE J G,et al. Flytrap-inspired robot using structurally integrated actuation based on bistability and a developable surface[J]. Bioinspiration & Biomimetics,2014,9(3):036004.

[29] SHAHINPOOR,MOHSEN. Biomimetic robotic Venus flytrap (Dionaea muscipula Ellis) made with ionic polymer metal composites[J]. Bioinspiration & Biomimetics,2011,6(4):046004.

[30] AKL W,POH S,BAZ A. Wireless and distributed sensing of the shape of morphing structures[J]. Proceedings of SPIE-The International Society for Optical Engineering,2007,140(1):94-102.

[31] SALOWITZ N,GUO Z,LI Y H,et al. Bio-inspired stretchable network-based intelligent composites[J]. Journal of Composite Materials,2013,47(1):97-105.

[32] MUTH J T,VOGT D M,TRUBY R L,et al. Embedded 3D printing of strain sensors within highly stretchable elastomers[J]. Advanced Materials,2014,26(36):6307-6312.

[33] YAO X,LUAN C,ZHANG D,et al. Evaluation of carbon fiber-embedded 3D printed structures for strengthening and structural-health monitoring[J]. Materials & Design,2017,114:424-432.